ENCYCLOPÉDIE DES OISEAUX

Encyclopédie des
oiseaux

par
JAN HANZAK
et
JIRI FORMANEK

GRÜND

Huitième tirage 1985
Traduction de Yvette Joye
Révision par Georges Becker,
Docteur ès sciences, Correspondant du Muséum
Arrangement graphique par Karel Drchal

I.S.B.N. 2-7000-1311-5
Imprimé en Tchécoslovaquie par Svoboda, Prague
3/11/02/53-08

TABLE

Aucun groupe animal n'éveille sans doute notre intérêt autant que celui des oiseaux. Ces vives créatures, remuantes et actives, ont une vie instinctive très riche et des capacités vocales exceptionnelles. Elles sont l'ornement de la nature dans toutes les régions du globe. Leur innombrable variété d'espèces anime les zones tropicales et subtropicales, abonde dans les zones tempérées, leur chant harmonieux se fait entendre jusque dans la haute montagne et les régions circumpolaires où l'homme ne résiste que grâce à sa technique. Forêts, champs, prés, eaux, steppes ou déserts, nous ne pouvons les imaginer sans leurs habitants ailés, qui nous sont si sympathiques.

Notre époque pressée et affolée de technique pousse l'homme à rechercher, après de longues heures de travail et de hâte, le délassement auprès de ces aimables créatures vivantes, dans leur milieu naturel hélas souvent gâté par l'homme lui-même. C'est ce qui explique l'intérêt croissant envers la gent ailée. On rencontre, dans les endroits les plus reculés, des individus ou des groupes armés d'un trièdre et d'un carnet de notes, écoutant le chant des oiseaux, les observant, s'efforçant de percer le mystère de leur vie. Cet intérêt a multiplié le nombre des livres et des manuels qui tentent d'élever le niveau de la connaissance théorique des oiseaux, et de la rendre accessible au public par des illustrations.

Notre guide donne un bref aperçu de l'avifaune du monde entier. C'est intentionnellement que nous évitons la classification systématique des espèces, celle qui s'efforcerait de dégager leur parenté ou leurs rapports évolutifs selon certain système reconnu de nos jours. Nous montrons des espèces intéressantes dans des chapitres divers quant à leur thème, mais qui ne correspondent pas toujours au système naturel des oiseaux. Avant tout, nous avons voulu familiariser le lecteur avec la richesse de formes et de couleurs des oiseaux de notre Terre et attirer son attention sur quelques particularités intéressantes de la vie avienne.

CARACTÉRISTIQUES DES OISEAUX

Il y a des millions d'années, les oiseaux ont évolué à partir de reptiles avec lesquels ils ont encore des caractères communs: peau dépourvue de glandes, crâne relié à la colonne vertébrale par un seul condyle occipital, même disposition des appareils excréteurs et sexuels, similitude de développement des embryons. Ils s'en distinguent par la température corporelle constante (moyenne 41 °C) indépendante de la température ambiante. Ils sont parfaitement adaptés au vol. Les quelques espèces incapables de voler sont passées au mode de vie terrien de façon catégorielle, car ils ont conservé dans leur structure les caractères de leurs parents ailés. Le corps de l'oiseau est couvert de plumes, les membres supérieurs sont devenus des ailes, au sol l'oiseau se sert de ses pattes pour se déplacer. Celles-ci ont quatre doigts ou trois, exceptionnellement deux chez l'Autruche. Le front est devenu un bec corné, propre à la famille avienne, sauf quelques exceptions chez les mammifères. Le cœur, comme celui de ces derniers, est divisé en deux chambres et deux antichambres ; moitié gauche et moitié droite, donc circulation artérielle et veineuse complètement séparées. Les poumons sont relativement petits et peu mobiles. Les bronches traversent tout le poumon et se terminent par de grands sacs aériens. Il y a en a généralement trois paires placées dans diverses parties du corps et qui pénètrent même dans les os. Ces sacs aériens sont un renfort à la respiration, surtout en cours de vol. Tout comme les reptiles, les oiseaux se reproduisent par des œufs, mais les leurs ont une coquille calcaire dure. L'embryon se développe le plus souvent à la chaleur du corps des parents qui couvent un certain temps et s'occupent encore de leurs petits après l'éclosion.

COUVERTURE DU CORPS

Dans le règne animal, seuls les oiseaux ont le corps couvert de plumes. On en conclut qu'il s'agit de la transformation des écailles des reptiles, au cours d'une évolution longue et compliquée. La plume, fine et légère substance cornée, est une production de la peau. Sa fonction est la protection, c'est un parfait isolant de chaleur en face du milieu ambiant ; certaines plumes servent au vol (les rémiges et les rectrices). La silhouette du corps de l'oiseau est formée par les plumes de contour, ce sont les plumes avec calamus ou tuyau, la hampe et les vexilles. Les rémiges et

Topographie de l'oiseau

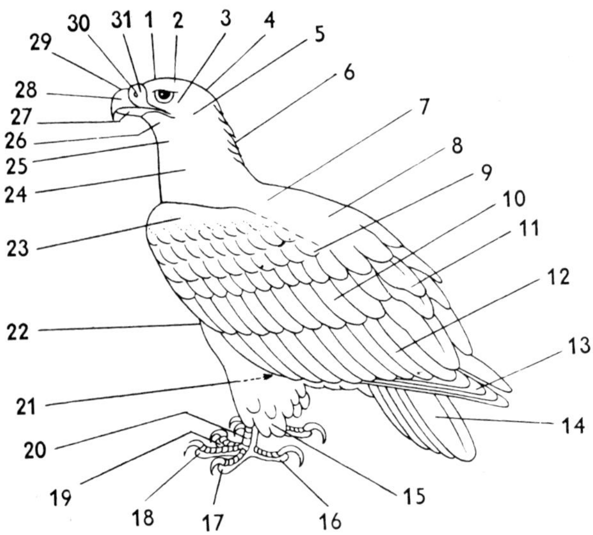

1. front
2. vertex
3. joues
4. occiput
5. région auriculaire ou parotique
6. nuque
7. scapulaires
8. dos
9. couvertures moyennes
10. grandes couvertures
11. rémiges tertiaires
12. rémiges secondaires
13. rémiges primaires
14. plumes rectrices
15. plumes de la jambe
16. premier doigt (postérieur)
17. quatrième doigt (externe)
18. troisième doigt (médian)
19. deuxième doigt (interne)
20. tarse
21. ventre
22. poitrine
23. aisselle
24. cou
25. gorge
26. menton
27. mandibule inférieure (bec)
28. mandibule supérieure (bec)
29. culmen
30. narines
31. lorum (cire)

les plumes rectrices, qui ont des vexilles puissamment développés, sont des adaptations fonctionnelles des plumes de contour. Le duvet est un type spécial de plumes, au calamus court et mou, avec des touffes de barbes et barbules en guise de vexilles. Le duvet forme la chaude couverture du corps sous les plumes de contour, c'est le premier vêtement des oisillons après l'éclosion. Chez certains oiseaux à glande europygienne réduite (Perroquets, Grues, Hérons) le duvet produit une poudre remplaçant l'huile dont d'autres oiseaux s'oignent les plumes. Les plumes ne sont disposées uniformément que sur le corps des Kamichis, Manchots, Ratites. Chez toutes les autres espèces elles poussent en zones dites ptérylies, séparées par des zones dites aptéries, qui sont couvertes par les plumes de contour du bord des ptérylies. Les plumes d'oiseaux n'ont pas la densité d'implantation des poils de mammifères. Les petites espèces du Colibri ont environ un millier de plumes, le Cygne en a de vingt à trente mille. La couleur de la plume est donnée par sa structure et par une teinture dite pigment. C'est surtout la mélanine, qui donne les teintes noires jusqu'au brun clair, puis le lipochrome, qui donne les tons rouges et jaunes. Les différentes nuances résultent de la combinaison de ces pigments. On ne trouve pas de couleur bleue ou violette chez les oiseaux. Cette coloration est donnée par la structure de petites couches cornées des plumes sur lesquelles se réfracte la lumière.

A époques régulières, le plumage des oiseaux se renouvelle par la mue. La plupart des oiseaux muent deux fois l'an. Après la nidification, en été et en automne, toutes les plumes se renouvellent. Une autre mue partielle se fait avant la nidification. Les oiseaux acquièrent alors un plumage plus brillant, dit « plumage de noces ». Certaines espèces ne muent qu'une fois tous les deux ans, d'autres trois fois par an. Les rémiges et les rectrices sont muées progressivement pour que l'oiseau ne perde pas sa capacité de voler. Seuls les Canards, les Oies, les Grues et quelques autres oiseaux subissent une mue complète qui les rend incapables de voler durant un temps assez court, et les contraint à vivre à l'abri.

COMMENT LES OISEAUX SE NOURRISSENT

Une autre formation cornée du corps de l'oiseau, c'est son bec, c'est-à-dire l'enveloppe extérieure du bec. Les nombreuses formes de becs d'oiseaux correspondent au mode d'alimentation de l'espèce. Le bec ne sert pas à broyer, comme les dents des mammifères. Les granivores ont un bec simple, conique, adapté à la cueillette et à la décortication des graines. Les insectivores ont un bec plus fin, plus pointu. Le bec crochu du Perroquet convient pour décortiquer les fruits à coque dure et s'accrocher quand l'oiseau grimpe ; le bec acéré des oiseaux de proie sert à déchiqueter ; le bec aplati de la plupart des lamellirostres sert à filtrer la nourriture aspirée avec l'eau. Un long bec pointu est l'apanage des espèces aquatiques. Ce sont les oiseaux qui se nourrissent dans les marais et fondrières qui ont le bec le plus long. Il existe des becs courbés vers le bas, ou vers le haut. La multiplicité de formes de becs permet aux oiseaux de profiter des multiples sources de nourriture et de chasser leurs proies dans les conditions même les plus difficiles : sous l'eau, dans les lézardes, les fentes, le bois dur. La nourriture descend dans l'œsophage telle quelle, ou broyée par le bec. La langue étroite, couverte d'une pellicule cornée, y joue son rôle, sauf rares exceptions. Chez certains oiseaux, la nourriture, avant de descendre dans l'estomac, reste un temps soit dans le sac du gosier, soit dans le jabot, qui est un élargissement de l'œsophage. Les aliments n'y sont pas digérés, mais seulement ramollis. Le jabot est surtout développé chez les granivores ; il manque ou reste rudimentaire chez certains groupes. La digestion chimique se fait dans l'estomac glandulaire, sous l'action des sucs digestifs, puis dans l'estomac musculaire ou gésier, où sont broyées et digérées surtout les matières végétales. Ce travail est facilité par les parois cornées de l'estomac et les graviers que les oiseaux avalent d'instinct. La digestion est plus rapide chez les oiseaux que chez les mammifères ; les résidus indigestes tels que poils, écailles, plumes, sont rejetés par le bec, sous forme de « pelotes de réjection ». Les oiseaux consomment beaucoup de nourriture, en égard à leur grande dépense d'énergie. Les petites espèces mangent relativement plus que les grandes. Le Colibri, le Roitelet, le Troglodyte mangent quotidiennement plus que leur poids. La rapidité de digestion est remarquable, l'assimilation est plus intense chez l'oiseau que chez tout autre vertébré. Pour leur quête de nourriture ou de proies, les oiseaux se guident par leur vue perçante et leur ouïe très fine. L'odorat n'est développé que chez peu d'espèces, et le goût est le plus arriéré de tous leurs sens.

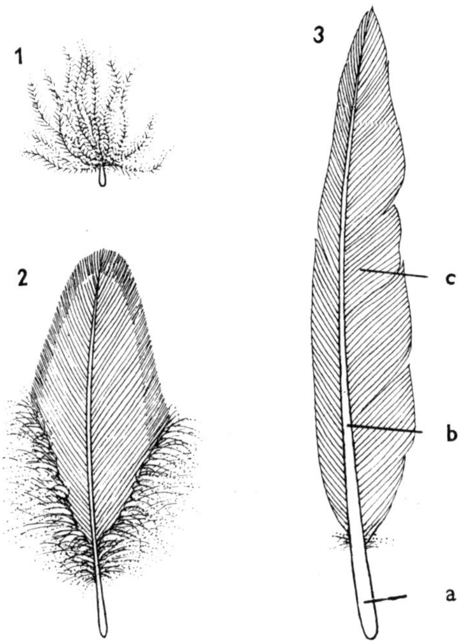

Types de plumes d'oiseaux

1. duvet poudreux — a) tube, tuyau ou calamus
2. plume de contour — b) hampe
3. rémige — c) vexilles

COMMENT LES OISEAUX SE DÉPLACENT

L'évolution de la classe des oiseaux a visé dans ses grandes lignes à créer les conditions d'une parfaite maîtrise de l'espace aérien. La capacité de voler résulte de l'allégement maximum du corps et du perfectionnement des organes porteurs et moteurs. La réduction du poids de l'oiseau est due à plusieurs facteurs : un bec léger au lieu d'une mâchoire, pas de vessie, des os longs,

Types de becs d'oiseaux

bec pour

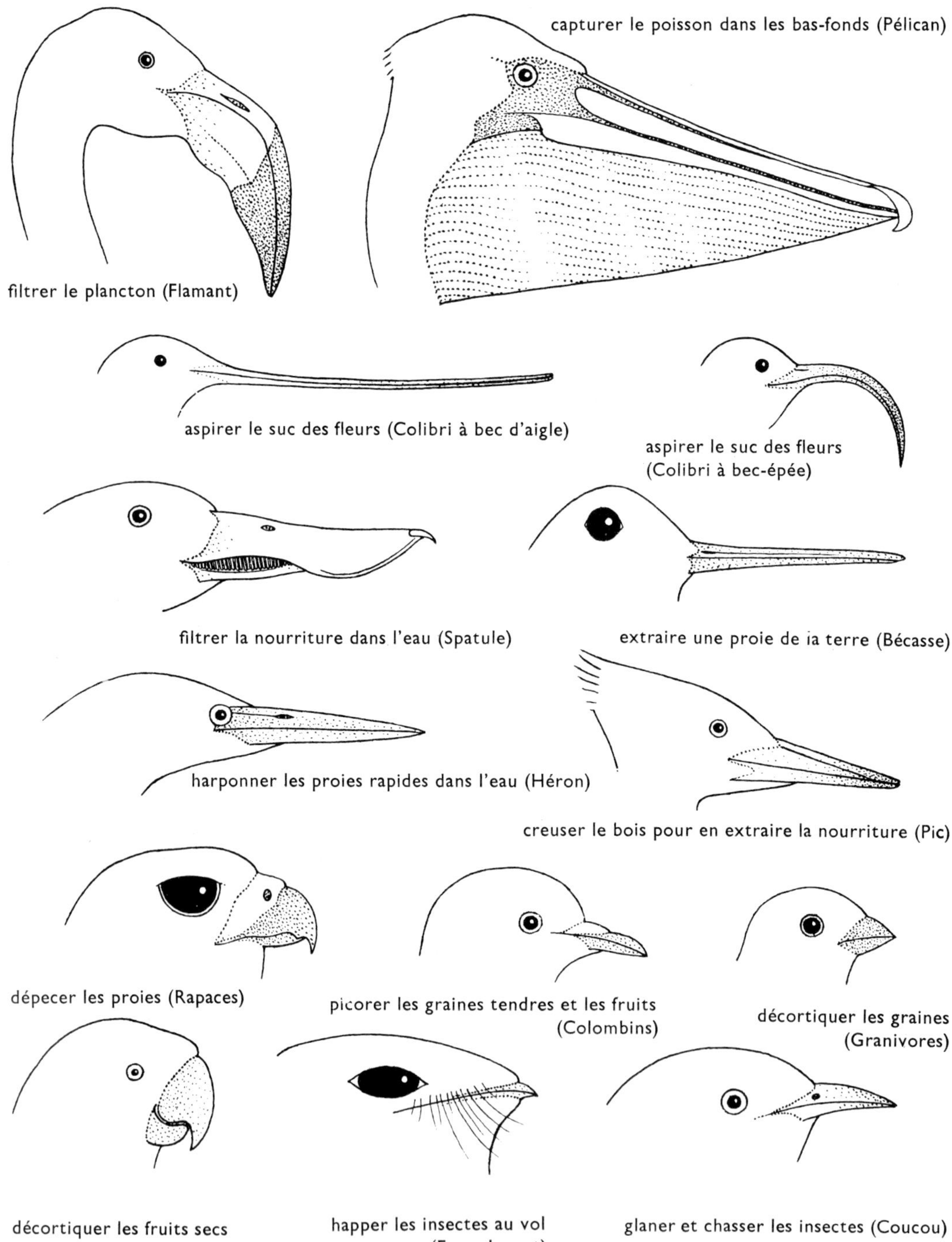

remplis d'air, des extrémités inférieures très légères, une couverture du corps en plumes — tout contribue à l'allègement. L'organe du vol, c'est l'aile. En elles-mêmes, si bien emplumées fussent-elles, les ailes ne pourraient accomplir leur fonction motrice si elles n'étaient pourvues de muscles puissants rattachés au bréchet. Pour s'élever dans les hauteurs et se maintenir en l'air, l'oiseau dépense une grande énergie, fournie par une assimilation extraordinairement rapide. Pour répondre à ce grand effort qu'est le vol, l'oiseau a un cœur relativement plus gros et aux battements plus rapides que les mammifères.

Il y a diverses formes de vol, qui dépendent de la forme des ailes et de la grandeur de leur surface portante. Le profil de l'aile a néanmoins une forme unique : surface convexe, dessous concave. Quand l'air coule, venant de l'avant, il y a sous l'aile une surpression environ trois fois plus forte que la sous-pression qui se produit au-dessus de l'aile. Le premier type évolutif de vol est le vol passif, plané, celui où l'oiseau se laisse simplement porter par l'air et plane sans agiter ses ailes. Souvent l'oiseau alterne ce vol avec un vol actif. Le pigeon, descendant d'une dizaine de mètres en vol plané, atteint une distance d'environ quatre-vingt-dix mètres. L'aigle, plus puissant, couvre 170 mètres en perdant dix mètres de hauteur, et l'albatros jusqu'à 200 mètres. En tirant parti des contre-courants ou des courants d'air ascendants, le vol plané devient du vol à voile. Il permet de prendre de la hauteur sans agiter les ailes. Certains Rapaces, les Albatros, les Cigognes, sont des maîtres du vol à voile. Par contre, ce genre de vol est peu courant chez les oiseaux de petite taille, en égard à l'insuffisance de la surface portante de leurs ailes. Le vol battu est le plus courant : la propulsion est assurée par le battement des ailes dont les pointes décrivent une ellipse. Les ailes mues par les muscles pectoraux portent en avant le corps aérodynamique, comme les rames poussent la barque sur la surface de l'eau. Un type de vol plus rare, c'est le vol sur place, comme on le voit chez la Crécerelle, l'Hirondelle de mer ou l'Aigle observant une proie. On constate chez le Colibri une forme de ce vol encore plus avancée. Ses battements d'ailes tourbillonnants lui permettent de rester suspendu devant une fleur pour y boire le suc ou extraire un insecte de son calice, grâce à son long bec, et sans se poser. La pointe des ailes décrit alors des huit et l'on peut les comparer à des hélices d'hélicoptère.

Le vol est une nécessité vitale pour la plupart des oiseaux. Fuite rapide en cas de danger, recherche de sources alimentaires, d'habitats, migrations lointaines. Beaucoup d'oiseaux exécutent leur parade nuptiale en volant. Il est certain que, de tous les animaux, les meilleurs voyageurs sont les oiseaux. Longtemps et souvent on a exagéré leurs performances, mais les observations suffisent à susciter notre admiration. Par exemple l'exploit du Martinet qui peut passer dans les airs de douze à quatorze heures à une vitesse de 65 à 145 km/heure. Récemment, on a prouvé que le Faucon peut atteindre des pointes de vitesse de 280 km/h quand il fonce sur une proie. Ce sont là des exploits, mais la vitesse de croisière des autres oiseaux n'est pas négligeable, elle va de 40 à 120 km/h. La plupart des oiseaux volent à trois cent mètres d'altitude, cette limite n'étant dépassée que par les grands oiseaux, lors de migrations. Les observations d'oiseaux volant à plus de 2000 mètres d'altitude (des oies jusqu'à plus de 8000 mètres) sont extrêmement rares.

Tous les oiseaux tributaires de l'eau pour leur alimentation savent nager. Certains n'utilisent cette faculté que pour se reposer sur l'eau, ceux-là ne sont pas particulièrement adaptés au séjour dans l'eau, sauf leurs pattes palmées. Il n'en va pas de même des oiseaux qui passent la plupart de leur vie sur ou dans l'eau. Les palmes sont tendues entre trois, parfois les quatre doigts. Certains oiseaux aquatiques n'ont qu'une membrane de peau au long des doigts. Les bons plongeurs ont des os peu aérés, et en serrant leurs plumes au corps, ils peuvent chasser l'air des sacs aériens. Leur poids spécifique est plus élevé que celui des autres oiseaux, ce qui les aide à vaincre la pression de l'eau en cours de plongée. Sur la surface, ils se déplacent à l'aide de leurs pattes. Seuls les pingouins font exception à cette règle : ils rament avec leurs ailes.

Vol tourbillonnant du colibri

Sous l'eau, les oiseaux nagent avec pattes ou ailes, mais seuls plongent en s'aidant de leurs ailes les Pingouins, les Alcidés et certains Procellaridés. Les autres nagent avec leurs pattes et se servent de leurs ailes tout au plus comme gouvernail.

Les grandes facilités de nage et de plongée correspondent en général à de moindres capacités de marche et de course. Les Halcyons, les Plongeons, et la plupart des Alcidés se meuvent assez difficilement sur terre ferme, car leurs pattes sont reportées très à l'arrière du corps, ce qui limite le mouvement de leur partie musclée. On constate une même réduction de l'habileté à se mouvoir au sol chez les oiseaux au vol le plus rapide. A part cela, tous les oiseaux sont capables de se déplacer au sol. Les meilleurs coureurs sont les oiseaux dépourvus de bréchet (Autruche, Emeu, Nandou, Casoar) et qui ont de fortes pattes avec un nombre réduit de doigts. A l'exception du Casoar, ils sont tous habitants de terrains ouverts, et ce n'est pas un hasard si les autres bons coureurs appartenant à d'autres groupes, comme les Outardes ou certains Gallinacés, habitent la steppe et les régions désertiques ou semi-désertiques. Les oiseaux aux longues pattes, comme le Héron, la Cigogne ou la Grue, marchent très bien mais sont incapables de courir vite. Il est intéressant de noter que dans l'ordre des Echassiers, les Pluviers sont meilleurs coureurs que les Limicoles ou les Aquatiques, quoiqu'ils aient les pattes beaucoup plus courtes. Outre la course ordinaire, il y a aussi le saut. Il est difficile d'expliquer pourquoi certains oiseaux marchent et d'autres sautillent. Le déplacement dans les branches d'arbres a également apporté de nombreuses adaptations des pattes, cornes aiguës sur la face interne des doigts, caroncules aux serres, et un système de tendons qui permet à l'oiseau de s'agripper aux branches. Parmi les arboricoles, il y a beaucoup d'oiseaux grimpeurs. Leurs courtes pattes sont munies de griffes acérées, avec deux doigts antérieurs et deux doigts postérieurs. La plupart des oiseaux grimpeurs se servent d'une plume raide de leur queue pour prendre un point d'appui sur une branche ou un rocher. Ils se déplacent vers le haut, sauf la Sittelle qui grimpe souvent la tête en bas.

Tout comme le bec des oiseaux répond au mode de cueillette et à la qualité de la nourriture, le mode de vie des oiseaux se reflète dans la forme de leurs pattes, très caractéristique selon les divers groupes systématiques.

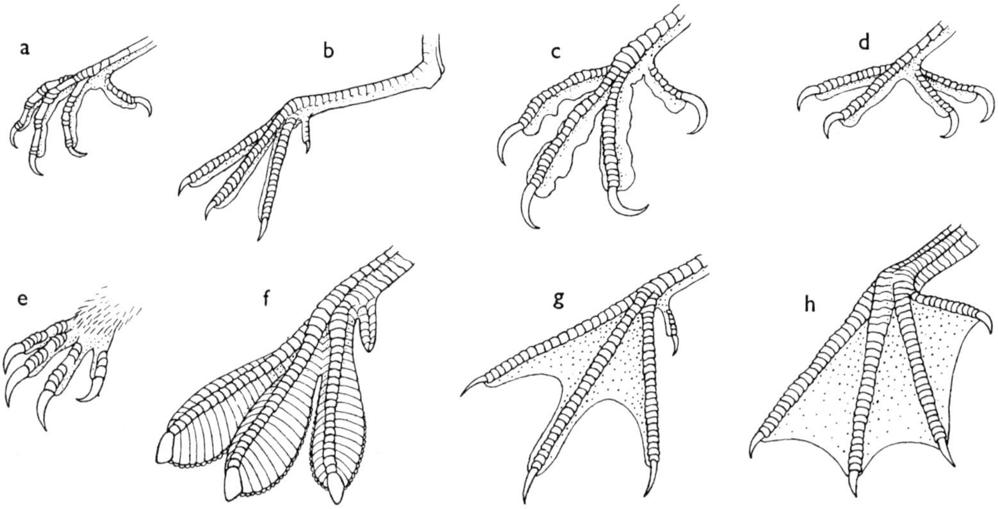

Types de pattes d'oiseaux (de gauche à droite)

a) patte posée d'oiseau arboricole
b) patte d'échassier
c) patte de rapace
d) patte de grimpeur
e) patte de Martinet suspendu
f) patte de Plongeon
g) patte partiellement nageoire de la Guifette
h) patte rameuse du Cormoran

MODE DE REPRODUCTION

Tous les oiseaux se reproduisent par des œufs. A la différence des mammifères, l'embryon ne se développe pas dans le corps de la mère mais en dehors de celui-ci, après la ponte.

La partie essentielle de l'œuf, c'est le jaune avec le germe, en fait une seule cellule, la plus grande connue chez les vertébrés. Le jaune et le blanc sont enveloppés dans la membrane coquillière, incolore et translucide. L'œuf entier est enfermé dans une coquille poreuse, dont la substance de base est du carbonate de calcium, avec des traces de sels et de quelques matières organiques. Au gros bout de l'œuf, la membrane ne colle pas à la coquille, car il se trouve là une chambre à air relativement grande, et qui grandit encore quand l'œuf est couvé, ou qu'il sèche. Les œufs sont blancs, de teinte unie, ou diversement tachetés de couleurs sur ces fonds. C'est le plus gros oiseau actuellement vivant qui pond les plus gros œufs : l'Autruche. Ses œufs pèsent environ 1.600 grammes, et pourraient contenir une vingtaine d'œufs de poule. Nous trouvons les œufs les plus petits dans la riche famille des Colibris dont certains, les plus petits de tous les oiseaux, pondent des œufs de 0,25 g. Notons toutefois que, proportionnellement à leur poids, les plus petites espèces pondent de plus gros œufs que les grandes. Le nombre d'œufs pondus reste constant non seulement chez une espèce, mais aussi chez toutes les espèces d'un groupe systématique. Le Guillemot, comme certains Alcidés, le Goéland et de grands Rapaces, pondent un seul œuf. Les Pigeons, Colibris, Grues, Plongeons pondent régulièrement deux œufs. Les Echassiers en pondent trois ou quatre. Les oiseaux qui pondent le plus grand nombre d'œufs sont certains Gallinacés, les Lamellirostres et certains Passereaux chanteurs. Les espèces qui pondent peu d'œufs en dépit de pertes notables compensent cette insuffisance par plusieurs nichées annuelles.

Sauf rares exceptions les parents couvent, ou tout au moins l'un des deux. Le plus souvent le mâle et la femelle se consacrent ensemble à la couvaison, en se relayant à intervalles réguliers,

Coupe d'œuf d'oiseau non couvé

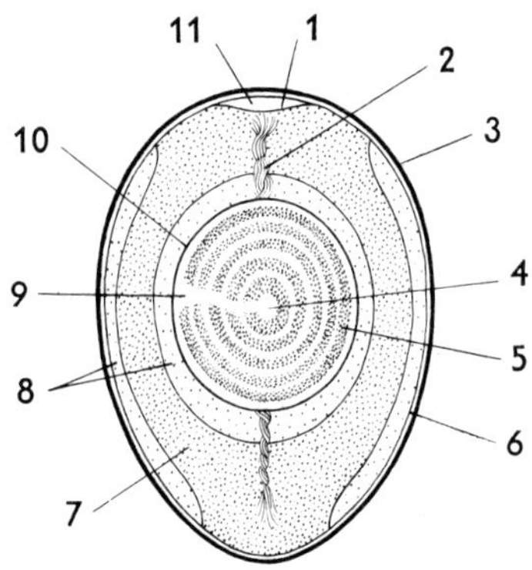

1. membrane coquillière
2. chalaze
3. coquille
4. embryon
5. vitellus jaune
6. chorion
7. vitellus blanc
8. blanc ou albumen
9. feuillet interne du blanc
10. feuillet interne du jaune
11. chambre à air

soit toutes les heures, voire tous les quarts d'heure. Il est des cas fréquents où la femelle couve seule, avec d'assez rares moments où le mâle la remplace. Les œufs ne doivent pas être couverts sans interruption par le corps des adultes. Parfois mâle et femelle les laissent un temps sans surveillance, quand il leur faut se nourrir ou remettre leurs plumes en ordre. Pour se développer, l'embryon a besoin d'une chaleur, il faut donc que le corps du parent qui couve reste en contact étroit avec l'œuf. Pour que la chaleur animale de l'oiseau se communique mieux à l'œuf, une partie de son ventre perd ses plumes au moment de la couvaison ; les parties non garnies de plumes portent le nom d'aptéries. Les plumes tombent toutes seules, ou bien il se les arrache. Les aptéries restent glabres ou conservent un duvet clairsemé. Les canards n'ont pas d'aptéries. Chez eux, au moment où la femelle pond, il lui pousse sur le ventre et la poitrine un duvet particulièrement fin dont elle enrobe sa couvée pour éviter toute déperdition de chaleur. Les aptéries apparaissent aussi bien chez la femelle que chez le mâle si ce dernier se charge de couver. Il n'est pas rare qu'ils en aient l'un et l'autre.

On ne peut dire que la durée de la couvaison dépende sans exception de la taille des oiseaux. Par exemple le Pic noir et le petit Pinson couvent durant le même temps, de 12 à 14 jours. Les petits Passereaux ont besoin de 12 à 18 jours pour l'évolution de l'embryon jusqu'à l'éclosion, les Gallinacés 21, les Aigles de 34 à 38 jours. La plus longue période d'incubation revient aux Alcidés, Fous de Bassan, Pétrels et Albatros, dont certaines espèces se rangent parmi les oiseaux qui en ce sens battent un record : jusqu'à 80 jours.

Tous les oiseaux ne couvent par leurs œufs, mais ceux-ci sont peu nombreux. Par exemple, dans les forêts humides d'Australie et en Nouvelle-Guinée, le Mégapode enfouit ses œufs dans une sorte de couveuse artificielle. Le mâle amasse des feuilles, des débris végétaux, de la terre et du sable, et la femelle pond ses œufs dans le tas. Quand il pleut, les végétaux enfouis fermentent et dégagent assez de chaleur pour mener à bien l'incubation. A la question de savoir à quelle saison les oiseaux nichent, on ne peut répondre de façon générale, car cela dépend surtout de la situation géographique du lieu de nidification. Les conditions sont autres dans les régions tempérées où se succèdent des saisons très différenciées dont certaines excluent tout élevage de petits, que sous les tropiques, où elles sont dans l'ensemble plus favorables. Dans une région déterminée, chaque espèce a sa période limitée et typique de nidification, période qui correspond aux conditions optimales pour l'éclosion et l'élevage des petits. Les oiseaux qui ont besoin d'une longue période d'incubation et d'élevage commencent à nicher avant ceux pour lesquels cette période est plus courte.

LE SOIN DES PETITS

Personne n'aide le petit oiseau à venir au monde. Briser la coquille n'est pas mince affaire, et l'oisillon y parvient généralement par le gros bout, en s'aidant de la « dent d'œuf ». C'est une petite protubérance cornée qui se développe au bout du bec supérieur chez l'embryon, et qui tombe quelques jours après l'éclosion.

Les oisillons éclosent à des degrés d'évolution différents. En général, on distingue deux groupes : les nidicoles et les nidifuges. Ces derniers séjournent et nichent surtout au sol, ou sur l'eau. Ce sont par exemple les coureurs, Outardes, Râles, Canards et Oies. Leurs petits abandonnent le nid au bout de quelques heures ou deux à trois jours après l'éclosion, et ils sont assez indépendants. Ils sont couverts d'un fin duvet, et dès leurs naissance capables de mouvements agiles, et s'ils sont aquatiques, ils nagent très bien. Ils cherchent tous seuls leur nourriture ou bien leurs parents la leur montrent, et en peu de jours ils savent d'expérience ce qui se mange et ce qui ne se mange pas. Les parents guident encore leurs petits longtemps après l'éclosion, ils veillent à leur trouver des sources de nourriture, les mettent en garde contre le danger, les protègent contre les ennemis. Par temps froid et pour la nuit, les petits s'abritent sous les ailes de leurs parents.

A l'opposé de ce groupe sont les oiseaux nidicoles, les plus nombreux. Ce sont surtout les passereaux et la plupart des autres ordres. Sortant de l'œuf, les petits sont encore incapables en tout – aveugles, nus ou à peine couverts d'un fin duvet. Ils dépendent entièrement de leurs parents, qui les nourrissent avec zèle tout le temps qu'ils restent dans le nid et souvent même longtemps après qu'ils l'aient quitté. Les jeunes consomment beaucoup de nourriture, et les parents ont fort à faire sans désemparer. Le résultat naturel de cette alimentation constante, c'est la croissance rapide des petits. Les passereaux rattrapent en deux semaines la croissance des oiseaux nidifuges de même taille, et les dépassent bientôt en poids. L'intensité avec laquelle les parents donnent la becquée est digne d'admiration. La Mésange et la Sittelle apportent la becquée de 350 à 500 fois par jour, et encore plus souvent vers la fin de la nidification. Certains oiseaux, par exemple les Mouettes et les Guifettes occupent une place intermédiaire entre les deux groupes fondamentaux dans le degré d'évolution des petits aux premiers jours de leur vie.

La façon de nourrir les petits est très diverse. Certains oiseaux ne font que présenter la nourriture à leurs jeunes, d'autres la dégorgent de leur gésier soit dans le nid, soit directement dans le gosier de l'oisillon ; certains donnent la proie entière, d'autres la découpent ou la prédigèrent. Les colombins nourrissent leurs pigeonneaux d'une purée sécrétée par leur gésier. Les oiseaux nidifuges ont moins de soucis, car leurs jeunes cherchent très tôt leur nourriture tout seuls. Chacun a pu remarquer comme des poussins de quelques jours sont déjà capables de tirer leurs plans.

Les liens familiaux sont parfois maintenus longtemps après que les jeunes ont quitté le nid. Certains Rapaces, des Oies, Cygnes, Grues et autres vivent en famille au printemps suivant la naissance. Par contre les petits oiseaux quittent très tôt leurs parents, qui se remettent à nidifier et vivent séparés des enfants. Chez ces oiseaux, les liens familiaux ne sont pas de longue durée.

NIDIFICATION PARASITAIRE

Un groupe spécial est celui des oiseaux qui n'élèvent pas eux-mêmes leur progéniture mais confient leurs œufs et le soin de l'élevage à d'autres. Cette nidification, dite parasitaire, est répandue parmi certains Tisserins, Guêpiers, Coucous, et se manifeste même chez les Canards. Le parasitisme des Coucous a atteint le plus haut degré. La femelle du Coucou pond habituellement de 12 à 20 œufs par saison. Ce sont des œufs adaptés quant à la couleur et la forme aux œufs de l'hôte, donc relativement petits par rapport à la taille du Coucou. Quant à la couleur, les œufs de Coucou sont d'une variabilité rencontrée chez peu d'autres oiseaux, et ils correspondent aux œufs de leurs principaux hôtes, des insectivores. Ainsi, au cours des générations, se sont développées parmi les Coucous certaines races biologiques pondant des œufs de la couleur de ceux des oiseaux-hôtes. Les œufs du Coucou ont une coquille très dure, ils ne se brisent pas quand la femelle les pond à la hâte, sans précaution, dans un nid étranger. Une autre forme d'adaptation est le raccourcissement de l'évolution embryonnaire. L'œuf du Coucou éclôt au bout de douze jours et demi. Comme le Coucou dépose toujours son œuf dans le nid étranger au début de la ponte de l'oiseau-hôte, le jeune Coucou naît avant les jeunes de ses nourriciers ou en même temps qu'eux. Son dos glabre est particulièrement sensible au contact de tout ce qui le frôle dans le nid, œufs ou oisillons, et il les rejette par dessus bord. Il reste ainsi l'unique objet de l'attention de ses parents adoptifs, qui le nourrissent avec zèle. Il consomme autant de nourriture que 5 à 6 petits passereaux, et double son poids en trois jours. Durant cinq semaines les parents nourriciers apportent ainsi la becquée à leur étrange rejeton qui finit par devenir plus grand qu'eux.

MODE DE NIDIFICATION

Construire un nid, c'est un acte instinctif qui répond à un certain développement des glandes sexuelles de l'oiseau. Le nid procure à la couvée, aux jeunes à élever et aux parents un abri temporaire contre les intempéries et les dangers. Il existe peu d'espèces d'oiseaux qui ne bâtissent pas de nid et pondent sur la terre nue, n'importe où, éventuellement dans un trou. Nicher au sol est le mode le plus instinctif, et il est très répandu. Les oiseaux aquatiques bâtissent toujours leur nid à proximité de l'eau, certaines le font à peine au-dessus du niveau de l'eau, dans des branches entremêlées. A l'extrême, il y a les nids flottants (ceux des Plongeons). Cependant, l'emplacement le plus courant des nids se situe dans les arbres, buissons et plantes assez hautes. Il existe des espèces qui se contentent de brindilles négligemment amassées à une enfourchure d'arbre (Colombins), mais la plupart bâtissent des nids bien ordonnés, soit dans un embranchement à la cime d'un arbre, sur les branches fortes aussi bien que sur les plus fins rameaux. Parmi les maîtres bâtisseurs citons la Nectarinie et beaucoup d'espèces de Tisserins. Ils se font un nid rond, couvert de tous les côtés, et certains Tisserins réalisent des constructions collectives.

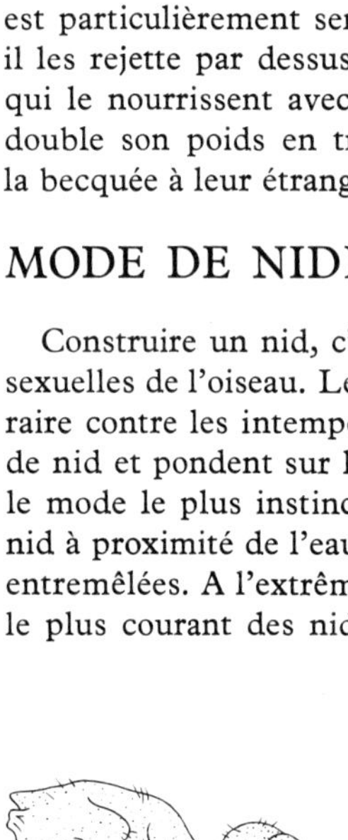

Jeune de deux jours d'oiseau nidicole (chanteur = passereau) et nidifuge (poule).

Cependant la nidification dans les creux, très répandue, assure une plus grande sécurité. Certaines espèces se satisfont d'une ébauche de trou, d'une cavité dans une souche pourrie, d'un creux laissé par une branche arrachée, sous une écorce qui s'écaille, dans une anfractuosité de muraille, voire dans un tas de cailloux, et alors le nid n'est pas couvert de tous les côtés. D'autres espèces, au contraire, nichent dans des creux profonds, dans des troncs pourris, dans des terriers enfoncés sous terre. Chez les Pics et la Mésange à moustaches cette évolution est allée si loin que souvent ils creusent un nid spacieux dans du bois, sain ou putréfié. Souvent il y a insuffisance de trous, surtout dans la nature transformée par l'homme, il arrive alors que d'autres oiseaux, incapables d'en faire autant que les Pics, utilisent les nids creusés par ces derniers. Beaucoup d'oiseaux nichent dans des trous naturels au sol, dans les murs de terre ou de sable, dans les terriers abandonnés, ou bien ils se creusent des trous eux-mêmes. Il en est aussi qui nichent dans les grottes obscures.

Le matériau le plus courant pour la construction d'un nid, c'est une grande variété de débris végétaux, brins d'herbe, fétus, tiges, feuilles, racines, aubier, écorce. Un matériau plus fin est fourni par les mousses, lichens, duvet de graines et la laine végétale. Un matériau plus fin encore, d'origine animale, tapisse l'intérieur du nid : plumes, poils, laine et toiles d'araignées. Souvent les oiseaux de grande taille renforcent leurs nids, faits de branchages, avec de la terre glaise et du gazon, ce qui en fait des constructions solides mais lourdes. La glaise est utilisée par la Grive, qui tapisse la cuvette de son nid d'un mélange d'argile et de bois pourri, et aussi par d'autres oiseaux pour lesquels c'est le matériau principal. L'Hirondelle, le Martinet, la Sittelle torche-pot se maçonnent un nid fait entièrement de terre, en le consolidant seulement avec des matières végétales. Les nids peuvent être de formes différentes, ouverts ou fermés en haut, avec une entrée simple ou un long couloir d'accès (Sittelle des Rochers). Le Martinet consolide son nid avec de la salive qui durcit à l'air. La Salangane construit un nid aux parois très minces exclusivement avec de la salive figée, et elle l'accole aux parois rocheuses des grottes.

La façon de bâtir un nid est héréditaire. Jamais une Hirondelle ne bâtira, sur un arbre, un nid semblable à celui du Pinson, et jamais un Pinson ne se maçonnera un nid de terre. L'Alouette des champs bâtit toujours son nid au sol, le Loriot, lui, toujours à la cime d'un arbre. N'empêche que parfois les circonstances obligent les oiseaux à déroger à leurs habitudes. C'est ainsi que faute de creux naturel la Chouette hulotte peut poser son nid au sol, et que le Canard sauvage, en terrains inondés, niche dans des trous d'arbres, ou dans d'anciens nids d'autres oiseaux, établis sur des branches. La situation géographique joue elle aussi son rôle. En Europe centrale, le Faucon niche sur les rochers tandis qu'en Europe septentrionale et en Sibérie il niche sur les arbres, et au sol dans la Toundra.

Est-ce le mâle ou la femelle qui bâtit le nid ? Chez les espèces vivant en polygamie c'est la femelle. L'édification du nid est l'affaire de la femelle chez la plupart des oiseaux vivant par couples. Le mâle se consacre plutôt à signaler et défendre le territoire par son chant. Même chez les espèces où les deux partenaires participent à la construction du nid, souvent le mâle ne fait qu'accompagner la femelle dans sa quête de matériaux, ou bien il les lui apporte et c'est elle qui bâtit. Le temps nécessaire à la construction d'un nid dépend de beaucoup de facteurs : suffisance de matériaux, le temps, la saison, la grandeur du nid et la participation des vieux oiseaux à l'édification. Dans des circonstances normales, les petits oiseaux bâtissent leur nid en 4 à 6 jours. Le nid sphérique, compliqué, de la Mésange-rémiz, cette Nectarinie encore appelée Traîne-buisson, exige 3 à 6 semaines de travail du couple. L'Aigle royal édifie son énorme nid pendant deux mois, le Balbuzard en deux semaines. Les oiseaux migrateurs qui reviennent sur les lieux de nidification plus tard que d'autres individus de la même espèce construisent leur nid plus rapidement que ces derniers.

Une idée généralement reçue, c'est que le nid est une sorte de maison de l'oiseau, qui y revient au moins pour dormir, après la nidification et que le nid sert plusieurs fois de suite à nicher. Le fait est que, une fois élevés, les jeunes ne reviennent jamais à leur nid natal. Les passereaux surtout abandonnent les vieux nids et s'en bâtissent de nouveaux. Chez les grands oiseaux, qui construisent de grands nids, les conditions sont différentes. Ceux-ci reviennent chaque année au nid édifié à grand-peine, ils le réparent et le parachèvent, comme on le constate chez la cigogne. Certains grands rapaces ont plusieurs nids dans leur territoire, et nichent dans l'un ou dans l'autre, de façon irrégulière. Les petits oiseaux qui nichent dans les trous sont assez fidèles à leurs nids. Les cas où les oiseaux viennent dormir dans leur nid sont très rares. En général, ils préfèrent dormir sur une branche d'arbre ou d'arbuste, voire au sol. Les hirondelles dorment dans les oseraies tandis que leur apparenté, le Martinet, vole le soir vers son nid de terre, sous les buissons. Nos petits moineaux domestiques, eux, dorment dans les arbres, toujours les mêmes, et d'autres moineaux passent la nuit dans des nids sommaires.

Chez certains oiseaux, l'instinct de construire un nid s'est éteint au cours du temps. Alors ils conquièrent par la force un nid occupé par d'autres, ou ils se contentent d'un nid abandonné. C'est un phénomène assez répandu.

Un autre phénomène remarquable et très répandu dans la biologie nidificatrice des oiseaux, c'est la nidification en colonies. Nous désignons ainsi la nidification collective de quelques-uns ou de très nombreux couples. Se rassembler au moment de nicher, c'est un bon moyen de défendre les couvées et les petits contre les ennemis divers, oiseaux ou mammifères. Rares sont les rapaces qui osent affronter une compagnie d'oiseaux criards contre-attaquant ensemble. Les conditions alimentaires sont aussi un facteur incitant à la formation d'une colonie. Celles-ci apparaissent là où la nourriture abonde, ou alors quand il n'y a pas d'autre lieu favorable à la nidification, loin à la ronde. La notion de territoire, si fortement ancrée chez la plupart des oiseaux, est certes conservée par ceux qui nichent en colonie, mais alors les frontières de ce territoire se limitent aux proches abords du nid. Le goût de la nidification en colonie est développé à des degrés divers. Il existe des espèces qui nichent habituellement isolées, et qui ne le font en colonie qu'en certaines circonstances. On considère donc comme colonie des groupes même réduits de nids. Les plus frappantes sont certes celles où les couples se comptent par centaines ou par milliers. Ces colonies immenses sont typiques surtout pour les oiseaux vivant près de l'eau ou les oiseaux maritimes, mais elles ne sont pas exceptionnelles chez les passereaux.

AIRES DE NIDIFICATION

La répartition dans la nature des couples nicheurs n'est pas un fait du hasard. Les diverses espèces sont tributaires d'un milieu répondant à leurs besoins écologiques et dans lequel des espèces diverses ont leur aire de nidification, bien délimitée. Ces aires sont surtout apparentes chez les populations nombreuses de chanteurs. Le choix du territoire incombe au mâle, qui l'occupe avant la nidification, le délimite et le défend contre les autres mâles de son espèce. La déclaration de propriété se fait par le chant, qui a encore une autre fonction : attirer une femelle. La défense du territoire se fait le plus souvent de façon pacifique. Si un rival apparaît, le mâle se conduit d'une façon bien spécifique avec des attitudes, des mouvements, une certaine disposition des plumes, de leur coloration et aussi avec la voix. Cette façon de s'imposer remplit en général son office de dissuasion, mais elle peut dégénérer en bagarre où volent les plumes et coule le sang. De nombreux combats n'ont cependant qu'un caractère symbolique.

L'aire de nidification est déterminée par l'emplacement du nid. Dans un terrain continu, de caractère uniforme, les aires de nidification sont circulaires. Il arrive cependant que leur forme soit influencée par des frontières naturelles, lisière d'un bois, végétation au bord de l'eau, plans d'eau, etc. Rappelons que les aires de nidification ne sont défendues que dans le cadre d'une même espèce : rapaces, hiboux, corvidés peuvent englober dans leur biotope plusieurs aires de petits oiseaux. L'étendue d'une aire dépend de la façon de s'alimenter de l'oiseau qui l'occupe. Certains trouvent de quoi se nourrir à proximité du nid, d'autres doivent voler à des kilomètres. C'est ainsi que les rapaces ont des aires de plusieurs kilomètres carrés, et les petits oiseaux quelques milliers de mètres seulement.

Chez les oiseaux nichant en colonie l'aire de nidification se réduit aux abords immédiats du nid, parfois à la portée de bec de l'oiseau dans son nid. Le territoire alimentaire est évidemment beaucoup plus étendu. La conception de l'aire de nidification est très développée chez les oiseaux, elle leur permet de nicher en paix et de mener à bien l'élevage des petits. Outre ces aires, il existe encore les aires d'alimentation, d'hivernage, éventuellement d'accouplement. L'instinct de protection de ces aires est développé à différents degrés, et chez certaines espèces il est inexistant.

MŒURS DES OISEAUX

Les oiseaux sont des créatures très remuantes. Une manière d'être instinctive les fait réagir sur le coup aux incitations les plus diverses. La vie de l'oiseau est régie par une série d'instincts que l'on peut répartir en quelques groupes principaux, selon leur importance biologique : rechercher et assurer la nourriture, fuir et attaquer, l'instinct social et celui de la reproduction. A côté de ces instincts innés, la vie des oiseaux tient compte de la mémoire et de formes simples d'enseignement fondées sur le principe des « essais et erreurs ». Les oiseaux sont capables de retenir surtout les mauvaises expériences.

Pour que soit suscitée une conduite instinctive, il faut une certaine mise en condition. Citons l'exemple de la Mésange noire. A la saison des amours, elle s'excite à la simple vue d'un trou dans un arbre, spectacle qui la laisse indifférente en d'autres saisons. Dans ce cas, l'oiseau cherche une occasion de pouvoir développer une certaine manière d'agir instinctive. Ce n'est pas un endroit où nicher pour fonder un foyer qu'il cherche, mais puisqu'il en trouve un, l'occasion est bonne d'assouvir un instinct, la construction d'un nid.

Souvent un certain schéma suffit pour susciter une conduite instinctive. Si un oiseau de proie apparaît dans le ciel, une réaction de fuite se manifeste chez les petits oiseaux. Des essais ont prouvé qu'une silhouette factice de rapace peut provoquer la même réaction. On peut de même éveiller chez certains passereaux l'instinct de donner la becquée par des représentations de gosiers de jeunes. Il ne s'agit donc pas d'amour maternel ou paternel, mais d'une manière d'agir instictive, qui se réalise automatiquement sous certaines impulsions.

C'est la vie sexuelle des oiseaux qui est accompagnée de la gamme la plus riche des conduites instinctives, que ce soit lors de la formation du couple, de l'accouplement ou de la nidification. Chez la plupart des espèces la formation du couple est précédée d'un rut compliqué qui se prolonge souvent jusqu'à la nidification. Que cela se passe dans l'air, au sol ou à la surface de l'eau, c'est toujours un spectacle étonnant. Les amours se manifestent par des mouvements, des colorations, diverses ornementations chez les mâles, ainsi que par la voix. Chaque espèce a son rut particulier qui a son importance, en tant que facteur d'excitation mais aussi d'interdiction de certains croisements qui pourraient amener l'extinction de l'espèce.

Nous pouvons souvent nous convaincre de ce que les principaux caractères des oiseaux sont innés en observant ceux qui naissent en captivité. Même élevés isolément, leur voix est bien celle de leur espèce, quoiqu'ils ne l'aient jamais entendue. Dès qu'ils deviennent adultes, les jeunes

Tisserins étonnent par leur habileté à tisser un nid, tout en n'ayant reçu aucune leçon de leurs aînés.

Chaque groupe apparenté, chaque espèce a une série d'habitudes et de comportements innés, suscités par certaines impulsions. L'étude comparative des comportements des différentes espèces, des genres, groupes voire ordres, nous offre des critères de valeur pour juger des parentés évolutives.

A propos du comportement des oiseaux, il faut parler des liens sociaux des partenaires, lors de la nidification. La monogamie est le phénomène le plus courant : les couples restent unis pour une saison au moins. Des unions plus durables ne sont pas rares, surtout chez les grandes espèces, non plus que des mariages à vie. N'empêche que la polygamie n'est pas rare elle non plus. Les mâles des Gallinacés, des Canards, ont plusieurs femelles, et ne se soucient pas de l'élevage de leur progéniture. Chez peu d'espèces, c'est la femelle qui vit avec plusieurs mâles (polyandrie).

La voix joue un rôle important dans la vie sociale des oiseaux, sans concurrence dans le monde animal quant à la multiplicité des sons et la fréquence de leur utilisation. Chez eux cet organe, situé dans les voies aérifères de la trachée et non dans le larynx comme chez les mammifères, est très compliqué. Le syrinx, organe du chant, atteint chez les passereaux un haut degré de perfection. On distingue deux sortes de voix d'oiseaux. D'abord celle qu'il fait entendre toute l'année pour exprimer son humeur, des signaux réagissant au danger, avertissant les autres. Le chant de l'oiseau n'est inné qu'en partie, il s'enrichit par l'expérience, par l'imitation. Le chant est lié au développement des glandes sexuelles et à l'activité hormonale. C'est pourquoi ils ne chantent qu'à la saison des amours, sauf exceptions. Le chant particulier de l'oiseau a une signification précise. Ou bien il charme la femelle et éveille en elle un émoi sexuel, ou bien le mâle circonscrit ainsi son territoire. Presque tous les oiseaux chanteurs inaugurent leur chant printanier avant de commencer à s'accoupler et de nicher. Quoique le chant soit une manifestation sexuelle secondaire, il dépend de l'activité des glandes sexuelles, mais chez les mâles il précède l'activité culminante des organes sexuels. Quand la période de noces se calme, le chant s'éteint. Chez certaines espèces, et dans toute la population d'une espèce, le chant ne sert qu'à délimiter le territoire. Ces oiseaux-là peuvent chanter toute l'année.

Certains oiseaux suppléent à la médiocrité de leur échelle vocale par une « musique instrumentale » : coups de bec, tambourinage sur une branche, une souche creuse qui fait caisse de résonnance. De nombreux pics tambourinent au lieu de chanter. Il y a aussi les bruits produits par les battements d'ailes, les claquements de bec. Les manifestations vocales sont très caractéristiques des espèces, leur connaissance permet de reconnaître les oiseaux dans la nature. Souvent, on distingue mieux par le chant que par le plumage des oiseaux qui se ressemblent mais appartiennent à des espèces différentes.

LES MIGRATIONS

Dans le règne animal, la capacité de voler n'est pas l'apanage des seuls oiseaux. Il existe des insectes et des mammifères qui volent très bien, mais ils restent loin en arrière de l'art et des performances des oiseaux. Aucun ne peut se mesurer à eux quant à l'endurance, l'habileté et la capacité de couvrir de grandes distances. Pourtant, tous les oiseaux ne sont pas voyageurs. Certains passent toute leur vie dans les limites du territoire de reproduction qu'ils ne quittent même pas en dehors de la saison des nids. On les appelle oiseaux sédentaires. Un autre groupe est formé par les oiseaux erratiques ; ils ne réalisent pas de grandes migrations mais se déplacent assez loin en certaines circonstances comme le manque de nourriture ou les intempéries. Les migrations sont de grands déplacements régulièrement suscités par le changement dans la longueur du jour auquel correspond une modification des activités hormonales. Tous les déplacements à longue distance des oiseaux ne sont pas des migrations. Par exemple certains jeunes, après avoir quitté le nid, s'envolent loin de là, dans toutes les directions. C'est ce que fait le Héron, qui réalise un premier déplacement avant son véritable envol migrateur. D'autres cas sont les invasions connues chez plusieurs espèces ; elles se font irrégulièrement, mais parfois toutes les années. Par insuffisance de nourriture, des inondations ou autres causes, des populations entières d'une certaine espèce quittent de vastes régions pour aller en masse rechercher un milieu plus favorable. Chez quelques oiseaux ces invasions ont une certaine régularité liée aux modifications cycliques de la quantité de leurs proies favorites, par exemple le lemming, rongeur des pays de Nord. Nous ne considérons pas non plus comme migrations les rassemblements massifs d'oiseaux en des lieux traditionnels où ils muent tous ensemble, surtout quand il s'agit de ceux qui perdent d'un seul coup les plumes des ailes et sont incapables de voler durant un certain temps (canards).

Nous avons donc réparti les oiseaux en trois groupes : sédentaires, erratiques et migrateurs. Il faut toutefois souligner qu'il n'existe pas de démarcation nette entre ces groupes, et qu'il y a beaucoup d'exceptions à la règle. Ajoutons que les populations aviennes ayant leur aire de nidification dans les régions nordiques sont d'habitude migratrices, et que celles des pays méridionaux sont sédentaires. Il est donc parfois difficile de ranger une certaine espèce dans l'un des groupes cités.

Les oiseaux migrateurs quittent régulièrement leur habitat en automne et y reviennent au printemps à une certaine date. Dans l'hémisphère nord, les migrations se font, grosso modo vers le Sud, avec des déviations vers l'Est ou l'Ouest. La migration vers le lieu d'hivernage et retour se fait sur un large front, avec des concentrations en des endroits déterminés, isthmes, cols, vallées profondes, d'où est née l'idée de routes étroites pour les migrations. Certains oiseaux voyagent de nuit, d'autres le jour. Les plus spectaculaires sont les vols en grandes bandes bien haut dans le ciel, tandis que les déplacements à basse altitude ou à petites distances dans la végétation passent souvent inaperçus. Beaucoup d'espèces exécutent cependant leurs migrations de cette façon discrète. Les pingouins qui ne volent pas effectuent leur migration dans l'eau. Certains oiseaux aquatiques comme la Bernache cravant ou le Plongeon font le trajet partie nageant, partie volant. Chez les Alcidés, c'est sans doute la nage qui l'emporte. Le voyage « à pied » du Sud vers le Nord n'a été constaté jusqu'à présent que chez le Foulque d'Amérique.

Dans les migrations les oiseaux atteignent leur vitesse de pointe, 50/70 km/h chez les petits oiseaux, 60/120 km/h chez les grands. Il vaut la peine d'observer les trajets journaliers des diverses espèces. On croyait autrefois que l'oiseau migrateur prenait un beau jour son envol et ne s'arrêtait qu'une fois arrivé en son lieu d'hivernage. C'est exceptionnel. Le trajet moyen journalier, et encore il ne se répète pas tous les jours, couvre environ 100 km pour les petits oiseaux et de 200 à 500 km pour les grands. Ce sont déjà des étapes considérables, et il ne faut pas s'étonner si, au cours du voyage, les oiseaux se reposent en des endroits favorables, y mangent et y reprennent des forces. Cela peut se faire en quelques heures, jours, semaines. Les migrations d'automne sont toujours plus lentes que les printanières. Souvent les oiseaux font des détours, ils ne se hâtent pas et peuvent s'attarder auprès d'une source abondante de nourriture. Chez certaines espèces le trajet du retour de printemps est souvent raccourci, et ne se superpose pas au trajet d'automne. Au retour les oiseaux traversent le continent, alors qu'à l'aller ils avaient eu tendance à suivre les côtes.

La migration des oiseaux est géologiquement un fait très ancien. Il a dû apparaître à cause des différences climatiques dans les diverses zones géographiques. A l'origine, les territoires de nidification coïncidaient probablement avec les biotopes où l'oiseau vivait même en dehors de la saison des nids. Des influences extérieures, ou d'autres conditions biologiques, ont amené les aires de nidification et les territoires à s'éloigner. On suppose que la cause en fut la durée du jour en été, plus longue de quelques heures dans les latitudes nord, offrant ainsi une plus grande possibilité de récolter la nourriture pour élever les petits. Cependant, à la fin de l'été, les intempéries contraignaient les oiseaux à quitter leur habitat, et chercher un lieu d'hivernage plus favorable. Au cours des âges, ces mouvements réguliers ont fini par devenir permanents. Ils ont encore été plus poussés à l'époque glaciaire, quand une immense partie de l'hémisphère nord était recouverte de glace et que les abords en étaient extrêmement défavorables à un éventuel hivernage. La possibilité de se nourrir aisément a probablement été le principal motif des migrations. Cependant, elles ont pu également être provoquées et influencées par de nombreux autres facteurs, ce qui, encore de nos jours, rend bien ardue toute explication satisfaisante.

Tout comme il est difficile d'élucider le pourquoi des migrations, il n'est pas aisé de soulever le voile du mystère de leur orientation à longue distance. La direction générale de la migration est innée chez les oiseaux. C'est par instinct qu'ils gagnent leurs lieux d'hivernage, puis reviennent vers les aires de nidification. On le constate chez les espèces dont les jeunes partent seuls pour le long voyage, et avant leurs aînés qui auraient pu les guider par l'expérience. Les Coucous en

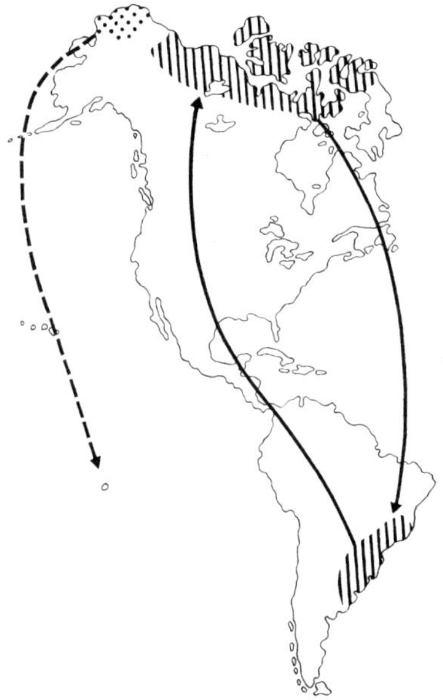

Migration du Pluvier guignard.

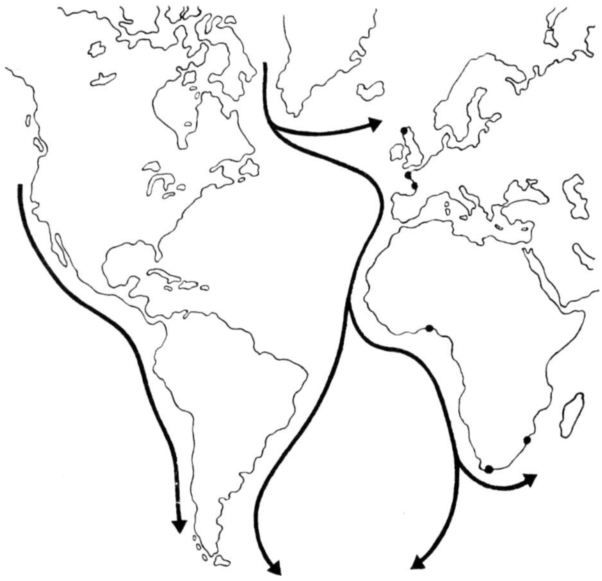

Migration de la Sterne arctique des colonies de l'Atlantique Nord et du Pacifique Nord.

sont un cas. On a fait beaucoup de suppositions sur le sens qui guide les oiseaux, sur ce qui les «pousse» vers le but. La science a rejeté quelques-unes des théories avancées et a découvert une autre piste. Des essais ont démontré que certains oiseaux, comme les Etourneaux, trouvent leur direction d'après la position du soleil. Cela ne veut pas dire qu'ils ne voleraient qu'aux heures méridiennes, vers le soleil, trouvant ainsi la direction du Sud. Leurs capacités sont bien plus grandes. Tout comme, avec une montre, nous pouvons déterminer à n'importe quelle heure du jour les points cardinaux d'après la situation du soleil, certains oiseaux sont guidés par leur « horloge solaire » interne. De même, certains émigrants de nuit se guident sur les étoiles, comme l'ont prouvé des tests réalisés sous un ciel artificiel. Le mode d'orientation n'est pas identique chez tous les oiseaux. Les plus grandes capacités d'orientation ne sont d'ailleurs pas liées aux migrations. Les oiseaux sont capables, par un sens quelconque, de percevoir leur situation géographique et de trouver la bonne direction. En dépit des nombreuses recherches sur le mode d'orientation des oiseaux, le cœur du problème n'est toujours pas complètement éclairci. Il faudra encore du temps avant que les ornithologues et les physiologues élucident les dernières questions concernant cette énigme.

La méthode relativement simple du baguage, développée en une large action internationale depuis le début du siècle, a non seulement apporté une moisson de données sur les lieux d'hivernage, les voies et modes de migrations, elle a également contribué à la connaissance de la biologie avienne en d'autres domaines. Cette méthode a permis de déterminer combien de temps vivent les oiseaux dans la nature, l'âge moyen d'une population avienne, la régulation naturelle, et beaucoup d'autres détails, tandis que chez d'autres classes animales l'étude de ces questions en est encore à ses débuts.

RÉGULATION DES EFFECTIFS

Ils sont admirables, les principes qui régissent les populations aviennes. Au cours d'une saison, chaque espèce pond un nombre moyen d'œufs. Pourquoi certaines espèces ont-elles de très nombreuses nichées ou nichent plusieurs fois par an ? Cela dépend surtout de l'âge que peuvent atteindre les adultes et de l'ampleur des pertes qui surviennent aux différents âges de leur vie. En général on peut dire que les oiseaux qui nichent en toute sécurité en des endroits inaccessibles et bien cachés, qui ont peu d'ennemis naturels, ceux-là pondent un plus petit nombre d'œufs que ceux qui bâtissent des nids d'accès facile, subissent diverses circonstances défavorables et ont beaucoup d'ennemis. Les oiseaux qui vivent sous les tropiques ont en moyenne des couvées moins nombreuses que ceux des régions tempérées. L'équilibre d'une population veut qu'à la mortalité réponde un nombre de petits menés à bien. Les changements éventuels dans le nombre total d'oiseaux résultent d'un dérangement de cet équilibre. Grâce à des observations de longue durée faites sur des individus de certaines espèces, on a appris beaucoup de détails intéressants sur la composition de la population avienne : représentation des diverses classes d'âge, degré des pertes. Les premières pertes sont subies par les embryons dans l'œuf, et les oisillons dans le nid. Chez les chanteurs qui nichent dans les creux, deux tiers des œufs pondus environ donneront des oisillons vivants, dans les nids ouverts seulement la moitié, et chez les oiseaux nidifuges un quart. D'autres grandes pertes réduiront encore le nombre total d'oiseaux au cours de la première année de vie. Chez les petits oiseaux, de 70 à 90%. Les oiseaux plus âgés, plus expérimentés et plus résistants, ont une espérance de vie plus grande. L'expérience, la résistance, la vigilance s'accentuent au cours des années, mais l'âge des oiseaux est limité par des frontières spécifiques. Dans la nature, les oiseaux ont très peu de chances d'atteindre l'âge-limite. En général les grands oiseaux atteignent le grand âge de 50 à 60 ans, les petits vivent de 10 à 25 ans. On a rarement vu davantage : plus de 100 ans pour le Vautour ou le Perroquet en captivité.

Les atteintes portées par l'homme au milieu naturel troublent très souvent cet équilibre. Le nombre d'oiseaux se réduit soit par destruction directe, celle des œufs aussi, ou par des dérangements ou dévastations des biotopes. Il s'agit, pour les espèces, de savoir si elles sont capables de s'adapter aux changements de leurs conditions ou non, et dans ce cas leur nombre se réduira, ou elles arriveront à l'extinction. Il peut se faire que la génération nouvellement élevée ne suffise pas à compenser les pertes. Les produits chimiques de plus en plus employés dans l'agriculture et la sylviculture pour augmenter les récoltes et lutter contre les diverses pestes, la pollution du biotope par les déchets, tout cela représente un danger beaucoup plus grand que l'extermination directe de certaines espèces, quoique l'on n'en constate pas toujours immédiatement les effets néfastes. La baisse du nombre de certaines espèces indique que l'équilibre est rompu dans la nature. Souvent la régression des oiseaux est sous-estimée, l'on ne se rend pas compte que ces mêmes causes peuvent, dans un avenir proche ou lointain, avoir les mêmes effets désastreux pour les « maîtres de la création ».

Au cours des quatre derniers siècles, soixante espèces d'oiseaux ont disparu de la surface du globe. La plupart ont été anéantis directement par l'homme. Il existe de nos jours une série d'espèces en voie d'extinction, il n'en reste que quelques populations réduites, avec bien peu d'espoir qu'elles puissent connaître un renouveau. Il ne faut cependant pas exagérer le pessimisme, car chez la plupart des espèces la nature peut, en quelques années, compenser les pertes, quand elles sont dues à des influences défavorables de courte durée, telles des intempéries soudaines. On constate même, actuellement, des repeuplements chez certaines espèces, voire des extensions explosives de leurs biotopes. Ce n'est pas une raison pour perdre de vue les espèces nombreuses qui sont menacées ou en voie d'extinction.

Ce livre présente outre les planches en couleurs représentant les oiseaux, beaucoup d'informations intéressantes sur leur milieu et leur mode de vie. Sans doute sera-t-il une invitation à la protection et la défense de la gent avienne adressée à nous tous, afin que nous ne voyions plus s'éteindre de nouvelles espèces. Car les oiseaux ne sont pas seulement de précieux collaborateurs de l'homme dans l'agriculture, l'horticulture et la sylviculture, non plus que proies offertes aux chasseurs ; n'oublions jamais combien ils nous apportent d'agrément quand nous passons un moment dans la nature.

Chapitre 1 LES MAÎTRES PLONGEURS

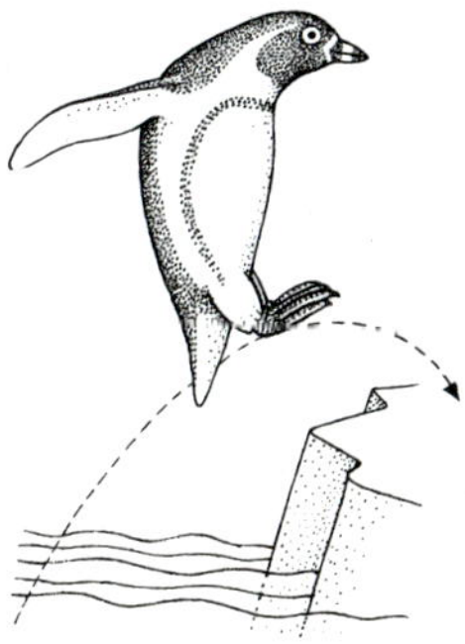

Manchot bondissant hors de l'eau sur un glaçon

Beaucoup d'oiseaux sont très bien adaptés à la vie dans l'eau quoiqu'aucun d'eux — à la différence des mammifères — ne passe toute sa vie dans cet élément. Les oiseaux vivant sur l'eau ont des signes distinctifs des oiseaux de terre ferme. Ils ont le corps fuselé, parfaitement isolé contre l'humidité et le froid par une épaisse couche de plumes et une forte couche de graisse sous-cutanée, surtout sous la partie inférieure du corps qui est souvent en contact avec l'eau. Leur glande uropygienne, située sous le croupion, secrète une graisse qui imperméabilise leurs plumes. Tous les bons nageurs et surtout les plongeurs ont des palmures ou, au moins, ont les doigts entourés de membranes natatoires. C'est ce qui leur permet de vaincre la résistance de l'eau et d'atteindre la vitesse voulue pour pêcher. Les oiseaux plongent admirablement, on les voit disparaître sous la surface de l'eau et n'émerger qu'après de longues secondes, voire des minutes, loin de l'endroit où ils avaient plongé.

Les maîtres du plongeon sont les Manchots, oiseaux maritimes de l'hémisphère sud, dont les ailes se sont changées en puissantes rames. Ils sont dépourvus de pennes, si bien qu'aucune des 17 espèces de Manchots n'est capable de voler. Leur plumage très serré et lisse rappelle

1

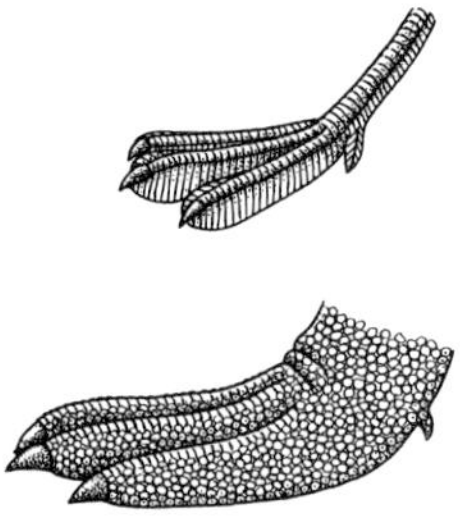

Pattes de Plongeon et de Manchot

plutôt la fourrure d'un mammifère que des plumes d'oiseau. Leurs pattes, à quatre doigts pourvus de palmures, sont tout en bas du corps, ce qui leur facilite la marche et la station debout, au cours de laquelle ils prennent appui sur leur courte queue à plumes raides. Ils se nourrissent de poissons, de céphalopodes et de proies diverses qu'ils vont pêcher jusqu'à 20 m de profondeur. Ils se servent uniquement des ailes pour plonger et nager, les pattes jouent le rôle de gouvernail et de frein.

Les Manchots sont très sociables. Encore de nos jours, alors que la civilisation les repousse graduellement, on connaît des colonies de centaines de milliers de couples. Mais l'huile lourde lâchée par les bateaux, l'insuffisance de poisson et les dérangements de leurs aires de nidification ont fortement affecté leur existence. Ce sont des créatures conservatrices, qui reviennent éternellement sur leurs anciens nids.

Manchot empereur (1) l'une des deux espèces habitant le continent antarctique. Niche aussi sur
Aptenodytes forsteri certaines îles contiguës. On trouve des colonies nombreuses du Manchot empereur dans les confins inhospitaliers où la température baisse jusqu'à −50°C. Pour arriver à nicher dans de telles conditions, il a fallu s'adapter. L'œuf unique pondu par la femelle est gardé au chaud dans un repli de peau du ventre du mâle. L'œuf ne repose pas sur le sol, mais sur les pattes de l'oiseau. Ce Manchot ne construit pas de nid. Le mâle peut se remuer assez adroitement avec son œuf ainsi abrité. Dans le rude hiver et le vent, les mâles se serrent en énormes assemblées assourdissantes pour se réchauffer un peu, tandis que les femelles vont pêcher au loin dans la mer. Les mâles restent sans manger deux pleins mois, et il n'est pas rare qu'ils perdent du tiers à la moitié de leur poids. Grâce à des appareils transmetteurs de température on a vérifié qu'à la chaleur corporelle de l'adulte de 38,5°, l'œuf ne descend pas en dessous de 28,8°C. L'oisillon dépend longtemps de la chaleur du corps des parents et de leurs soins. Il ne quitte le sac de peau de son père ou de sa mère qu'à cinq semaines. Ensuite, les jeunes restent ensemble dans une sorte « d'école maternelle ». Ils deviennent indépendants à cinq mois.

Manchot royal (2) niche sur les îles entre 50 et 60° lat. sud. Se différencie peu de l'espèce pré-
Aptenodytes patagonica cédente quant à la taille et la coloration. Niche une fois tous les trois ans, les jeunes sont nourris pendant dix mois. Nage à 36 km/h avec 120 coups d'ailes à la minute.

Manchot du Cap (3) l'une des plus petites espèces. Vit sur les côtes et îles de l'Afrique du Sud,
Spheniscus demersus frontière Nord Natal et l'Angola. Avec pattes et ailes se creuse un nid peu profond où sont pondus deux œufs. Père et mère nourrissent les jeunes durant trois mois.

2

3

4

Gorfou sauteur (4) l'une des six espèces de Manchots de taille moyenne, avec une touffe de
Eudyptes crestatus plumes sur la tête. Niche sur la Terre de Feu et autres îles des mers du Sud. Sur terre il ne marche pas, il saute. Ses pattes griffues l'aident à bien grimper sur les rochers et falaises. Fin de l'été, début automne, les oiseaux quittent tous ensemble leurs territoires de nidification et remontent les courants maritimes vers le nord. Ils restent en mer de 4 à 5 mois.

Manchot de Humboldt (5) niche sur les côtes du Pérou et du Chili. Etait autrefois, avec le Cor-
Spheniscus humboldti moran et le Fou, par sa multitude, un important producteur de guano. Les conditions naturelles lui permettent de nicher en n'importe quelle saison. L'exploitation intensive du guano a chassé cette espèce de nombre de ses territoires et a amené une grande baisse de ses populations. Niche dans les grottes des roches côtières ou à l'abri d'une végétation assez pauvre.

5

6

Manchot d'Adélie (6) l'un des rares oiseaux habitant l'Antarctique, avec des colonies dans les
Pygoscelis adeliae îles méridionales des mers du Sud. En position dressée ou sur le ventre, en se repoussant des pattes et des ailes, ils couvrent des dizaines de kilomètres pour rejoindre leurs colonies. Après de brèves amours, ils édifient de simples nids de pierres en des endroits non couverts de neige. La femelle y pond 2 œufs blancs, puis les laisse aux bons soins du mâle et s'en va pour deux semaines en pleine mer. Puis elle revient et c'est le mâle qui va pêcher pour refaire le poids perdu pendant 2 semaines de jeûne. Entre colonie et mer, il y a toujours quelques-uns de ces Manchots en route.

Manchot papou (7) caractérisé par une raie blanche sur le crâne, de taille moyenne. Ses colonies
Pygoscelis papua se trouvent sur quelques îles des mers du Sud, jusqu'à 50° de latitude Sud. Les parents couvent deux œufs durant 5 semaines en se relayant honnêtement chaque jour.

D'autres adroits plongeurs sont surtout des habitants des eaux douces. Ils animent les lacs, les étangs, les fleuves et leurs bras morts, parfois les lagunes. Les Plongeons (*Gaviiformes*) ont les trois doigts reliés par des palmures. Ils nichent sur la terre ferme à proximité de l'eau. Ils pondent deux œufs tachetés de sombre sur fond clair. Ils s'aident de leurs ailes en plongeant pour pêcher, atteignent des profondeurs de 50 m et en cas de danger restent jusqu'à 10 minutes sous l'eau.

8

Plongeon catmarin (8) oiseau typique des lacs du Nord, il se contente d'une végétation pauvre
Gavia stellata des rivages ou des îles pour établir son nid rudimentaire. Il se nourrit de poisson, et pêche nuit et jour. C'est aussi la nuit qu'il manifeste ses amours, à grands cris qui s'entendent de loin. Dès que les lacs commencent à geler, il migre vers le Sud, comme les autres espèces de Plongeons.

Plongeon à bec jaune (9) le plus grand des quatre espèces connues. En comparaison avec les
Gavia adamsii autres espèces, son aire de nidification dans la partie arctique de l'Amérique et en Asie, est très limitée. Il ne va plus au Sud que lors des amours. Rare en Europe.

9

Phases de parade nuptiale du Grèbe huppé

Un autre ordre d'oiseaux excellents plongeurs, les Grèbes (*Podicipediformes*) ressemble fort aux Plongeons. A première vue, on pourrait les croire proches parents, mais ils ont eu une évolution distincte et cette similitude n'est qu'apparente. La plus spectaculaire différence se situe dans les palmures, qui ne rattachent pas les doigts mais entourent les doigts. Toutefois les différences biologiques entre Plongeons et Grèbes sont très nettes. Tandis que le Plongeon niche sur la terre ferme, le Grèbe fait avec des plantes aquatiques un grand nid flottant, ancré ou non. Il niche deux fois par an et pond 3 à 8 œufs de teinte unie, d'abord bleuâtre puis tournant au brunâtre sous l'effet des herbes pourrissantes en cours de couvaison. Quand ils abandonnent un moment le nid, les parents recouvrent les œufs pour les dissimuler aux regards ennemis. L'opinion selon laquelle la fermentation des herbages du nid procurait assez de chaleur pour l'incubation, s'est avérée inexacte. Les Grèbes évoluent, agiles et rapides, aussi bien sur l'eau que dedans, et se nourissent de diverses bestioles aquatiques. Les grandes espèces mangent surtout du poisson. Pour que les arêtes ne leur blessent pas les parois stomacales, ils avalent leurs propres plumes, qu'ils s'arrachent du ventre, ou des petites plumes trouvées sur l'eau. Dans l'estomac, les plumes forment une espèce de feutre qui enrobe tout ce qui ne peut se digérer, et qui est ensuite expulsé sous forme de crottes. Il y a 19 espèces de Grèbes dans le monde entier. Comme les Plongeons, ils donnent la préférence à l'eau douce.

Grèbe jougris (10) *Podiceps griseigena* habite l'Eurasie et l'Amérique du Nord. Sur les nids, il se signale par sa voix rauque. Vit caché dans les roseaux au bord de l'eau. En cas de danger, disparaît sans bruit sous la surface et peut rester plus d'une minute sous l'eau.

10

Grèbe huppé (11) habite toutes les parties du monde sauf l'Amérique, véritable ornement des
Podiceps cristatus

eaux dormantes. Installe son nid flottant dans les végétations riveraines, soit isolément soit en petites colonies. Avant la nidification, exécute à la surface de l'eau des parades nuptiales compliquées, en plusieurs phases. Les jeunes ont un beau plumage rayé et, dès l'éclosion, savent non seulement nager, mais aussi plonger en cas de danger. Mais durant leurs vingt premiers jours ils restent volontiers sur le dos des parents, enfouis dans les plumes, ne sortant que la tête. Les parents leur font faire ainsi les premières promenades sur l'eau, et parfois des plongées involontaires. A la fin de l'été les Grèbes d'Europe commencent à s'agiter, et quoiqu'ils ne s'envolent pas volontiers à la saison des nids, on peut alors souvent les voir dans les airs. Ils prennent difficilement leur envol, mais une fois en l'air leur allure est rapide. Ils partent tôt hiverner en Afrique.

Grèbe castagneux (12) n'attire pas le regard, petit et peu coloré, sans huppe ni col. Vit caché,
Podiceps ruficollis

isolé, dans les fourrés de roseaux des eaux douces, plus ou moins étendues, d'Europe, Asie, Afrique, et dans les îles de la Sonde. Au printemps il trahit sa présence par ses roulades sonores.

Grèbe à cou noir (13) nettement plus petit que le huppé, a plus d'inclination pour la vie collective
Podiceps nigricollis = *Podiceps caspicus*

et établit souvent des colonies nombreuses. Il se différencie des plus grandes espèces, piscivores, en se nourrissant surtout d'invertébrés. Il avance sur l'eau à des vitesses de 4 à 7 km/h, et en cas de danger plonge jusqu'à 25 ou 40 mètres. Les jeunes plongent dès leur 17ème jour.

11

12

13

Chapitre 2 LES MEILLEURS COUREURS

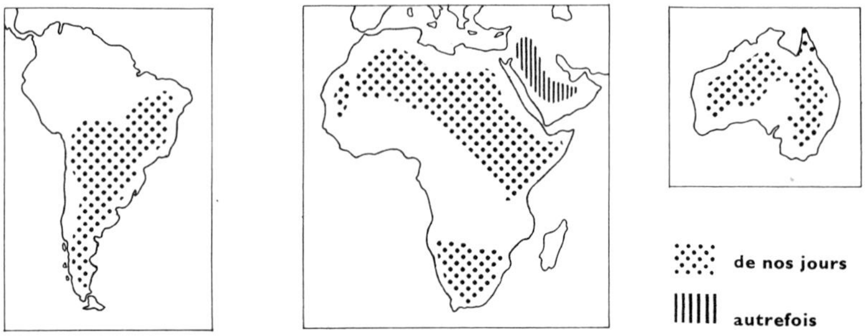

Aire de répartition du Nandou (à gauche), **de l'Autruche** (au centre) **et de l'Emeu** (à droite)

La plupart des oiseaux s'éloignent des endroits dangereux par la voie des airs, grâce à leurs ailes. La voie de terre est toujours choisie par ceux qui volent moins bien. On trouve donc les meilleurs coureurs parmi les oiseaux de terre ferme inaptes au vol. Quatre ordres comptant peu d'espèces forment le groupe des coureurs, qui ont en commun : des ailes atrophiées, de fortes pattes avec un nombre réduit de doigts (sauf le Kiwi), un long cou, une petite tête et un corps pesant. L'ossature de l'aile est conservée, témoignage de ce que ces oiseaux inaptes au vol sont les descendants d'oiseaux volants. L'augmentation du poids et l'incapacité de voler ont eu pour conséquence l'atrophie des muscles pectoraux et même celle du bréchet.

Nandou de Darwin (14) un peu plus petit que le Nandou américain. Habite les plateaux élevés
Pterocnemia pennata des Andes sud-américaines.

Nandou commun (15, 18) habite la savane herbeuse, dans l'Est de l'Amérique du Sud, dans le voisinage des troupeaux de cervidés ou de bétail semi-sauvage. Le mâle a plusieurs femelles qui pondent dans le nid collectif — simple trou creusé par le mâle. La couvée peut compter plusieurs dizaines d'œufs, il n'est
Rhea americana

16

donc pas étonnant que le mâle ne les couve pas toujours tous, car couver et élever les petits, c'est l'affaire du mâle. En comparaison avec les autres coureurs, le Nandou a d'assez longues ailes, dont il se sert pour se défendre, et dans sa course rapide, aux sauts atteignant un mètre et demi, elles lui servent de gouvernail pour changer brusquement de direction.

Autruche (16) l'un des plus grands oiseaux vivants. Sa taille atteint 140 cm et le mâle peut peser
Struthio camelus
jusqu'à 150 kg. La forme de ses pattes trahit un excellent coureur, fortement musclées et ossues, avec un pied long et fort, où ne se sont développés que le troisième et le quatrième doigt. Elle habite la savane africaine, les déserts et semi-déserts, vivant dans la pauvre végétation. Elle est très endurante à la course, et peut courir une demi-heure à 50 km/h, avec des pointes de 70 km/h. La femelle pond dans un simple trou une quinzaine d'œufs pesant 1,5 kg. Elle couve le jour, et le mâle la remplace la nuit. Les deux s'occupent des jeunes. La parade nuptiale est un spectacle magnifique : le mâle étale ses courtes ailes aux plumes ornementales, vire rapidement, s'accroupit, gonfle le cou puis l'étire jusqu'à ce que la tête soit au niveau du dos, puis la balançant de droite à gauche, va s'en frapper les flancs. Tout cela accompagné de grognements.

Casoar d'Australie (17) vit en solitaire. Par rapport à sa taille il a les pattes plus fortes que l'Autruche, mais reste derrière elle quant à la course. C'est qu'il ne vit pas dans les terrains découverts, où il faut se déplacer vite, mais dans les bois touffus et la forêt primitive de la Nouvelle-Guinée et de l'Australie septentrionale. Mais il est meilleur sauteur. Pour cet oiseau qui peut peser jusqu'à 85 kg, ce n'est pas un problème de bondir, sans élan, à 1m 50 de hauteur. En cas de danger, il se défend à dangereux coups de pattes. Mâle et femelle ne se distinguent ni par la couleur ni par la taille. La femelle pond dans un simple trou 3 à 8 œufs, mais la couvaison et l'élevage de la progéniture sont l'affaire du père. Les œufs sont verts, rugueux, et pèsent plus de 500 g. Le Casoar mange surtout les fruits d'arbres, qu'il ramasse au sol, ainsi que des graines, des feuilles, des insectes et divers petits vertébrés.

Casuarius casuarius

Emeu (19) est, avec le Kangourou, un représentant typique de la faune australienne. Exposé à une impitoyable persécution car il broute dans les pâturages réservés aux moutons. Son nombre a fortement diminué, et il a disparu sur une large bande longeant les côtes. Taille 1m50, poids 55 kg. Fortes pattes à trois doigts. Ossature des ailes très réduite, petite aile cachée dans les plumes. Court en terrain ouvert à une vitesse atteignant 50 km/h. Avant l'accouplement proprement dit, les couples se forment et se séparent du groupe. Le mâle prépare un trou de nid sous un buisson, le garnit

Dromaius novaehollandiae

17

18

de plantes sèches et la femelle y pond 7 à 12 œufs verts. Les parents prennent soin ensemble de la couvée et des petits. Ils se ressemblent cependant à un tel point, mâle et femelle, que l'on ne peut dire lequel des deux prend la plus grande part à l'élevage de la progéniture. L'émeu est un proche parent du Casoar.

19

20

Aptérix ordinaire (20) est l'une des deux dernières espèces de cet ordre de coureurs. C'est
Apteryx australis

par l'odorat qu'il se guide durant la nuit dans les fourrés épais pour rechercher sa nourriture. Il a les narines au bout de son long bec. Le jour il se cache dans des trous ou entre des racines d'arbres, où il niche également. En cas de nécessité il peut courir vite sur de courtes distances. C'est le mâle qui prend soin des deux œufs et des petits. Les Kiwis vivent uniquement en Nouvelle-Zélande.

Tinamou tacheté (21) appartient à l'ordre des *Tinamiformes* qui compte 45 espèces ressemblant
Nothura maculosa

aux Gallinacés. Il vit dans les forêts de l'Amérique du Sud. C'est un proche parent des coureurs, avec de fortes pattes à quatre doigts ; il court admirablement, vole maladroitement et seulement sur des courtes distances.

21

Chapitre 3 LES VAGABONDS DU GRAND LARGE

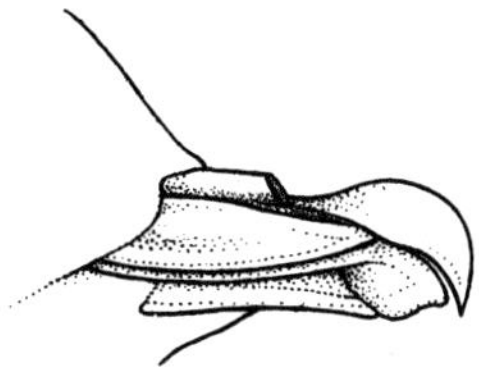

Bec de Pétrel fulmar

Beaucoup d'oiseaux sont attachés à la mer par leur mode de vie, mais les plus fidèles au grand large sont certes les Procellariidés répandus en une centaine d'espèces dans toutes les mers du globe, dont les deux tiers dans l'hémisphère Sud. L'ordre des Pétrels (*Procellariiformes*) est pourvu d'un bec unique dans le règne des oiseaux : enveloppe cornée formée de plusieurs plaques distinctes, narines en deux conduits tubulaires de chaque côté du bec ou en un seul tube à son sommet. Aucun oiseau ne s'éloigne tant de la terre ferme que ces éternels vagabonds de la haute mer, admirables voiliers. Les Pétrels ne sont pas les plus rapides, mais les plus endurants. Durant des heures, ils peuvent planer sans agiter les ailes, profitant parfaitement des courants aériens. Ceci vaut surtout pour les grandes et moyennes espèces dont le plus connu dans les eaux européennes est le Fulmar, qui plane haut dans les airs, puis soudain très bas sur les vagues, ne remuant que de temps en temps ses longues ailes. Certaines petites espèces volent si près de l'eau qu'il semble qu'elles la touchent ou marchent dessus. Ce n'est qu'à l'époque des nids que les Pétrels se réfugient sur terre. Sauf rares exceptions ils nichent en grandes colonies, dans des nids en surface ou dans des trous et autres cachettes. Le temps d'incubation et d'élevage des petits est le plus long de tous les oiseaux. Certaines grandes espèces couvent jusqu'à 80 jours leur œuf unique, et le petit n'est capable de voler qu'au bout de 270 jours. Ils se nourrissent de ce qu'ils trouvent à la surface de l'eau : crustacés, mollusques, poissons et détritus. La seiche est leur mets favori. Certaines espèces plongent très bien.

Fulmar ou **Pétrel fulmar** (22, 23) à la différence de certaines espèces de Pétrels, en voie de régression dans le dernier demi-siècle, il étend son aire de nidification depuis 200 ans environ. Il est courant sur les rives et les îles de l'Atlan-

Fulmarus glacialis

tique Nord et du Pacifique, et forme souvent des colonies communes avec d'autres oiseaux maritimes. Il niche dans les falaises abruptes. Si une forte tempête le chasse profondément dans les terres il périt, car les eaux du continent ne lui offrent pas une nourriture idoine. Comme les autres espèces de Procellariiformes, il arrive tard à l'âge adulte, à six ans seulement.

Puffin cendré (24) habite exclusivement la haute mer, rappelle l'Albatros par son vol : 5 à 8 battements d'ailes, puis vol plané. Niche en société, dans les falaises rocheuses ou les coulées basaltiques en Méditerranée et quelques îles voisines de l'Atlantique.
Puffinus diomedea

Pétrel culblanc (25) est l'une de ces petites espèces qui volent à ras de l'eau comme si elles couraient dessus. Niche dans les îles herbeuses et rocheuses de l'Atlantique Nord et du Pacifique, ensuite il vagabonde vers le Sud, jusqu'à l'équateur. Le Fulmar, ou Puffin, ou Pétrel à bec étroit entreprend, à partir de ses aires de nidification en Nouvelle-Zélande et en Australie, de grands voyages dans le Pacifique.
Oceanodroma leucorrhoa

Albatros hurleur ou **Mouton du Cap** (26) sans conteste le plus grand oiseau de mer. Pèse de 7 à 8 kg et mesure 272 à 322 cm d'envergure. Vagabonde jusqu'à des dizaines de milliers de kilomètres de ses nids et suit souvent très longtemps des navires isolés. Nid simplement fait de matériaux rassemblés avec le bec, au centre duquel la femelle pond un œuf d'environ une livre, que l'homme consomme souvent. Les jeunes sont d'abord nourris par régurgitation du contenu stomacal, et atteignent vite un poids supérieur à celui de leurs parents. Ils sont nourris durant plus de 250 jours.
Diomedea exulans

Albatros des Galapagos (27). Ses colonies se trouvent sur l'une des îles Galapagos. C'est l'une des espèces nichant dans la zone tropicale. Beaucoup d'ornithologues qui l'ont observé comparent sa parade nuptiale à un jeu de comédien. Le mâle commence à danser en se balançant autour de la femelle, puis
Diomedea irrorata

23

24

les deux se mettent à balancer la tête et à s'escrimer à coups de bec. Parfois l'un des oiseaux claque du bec comme les cigognes, tandis que d'autres font semblant de se lisser les plumes. Le moment le plus spectaculaire, c'est quand, cou tendu et tête dressée, ils se mettent à trompetter. Ensuite ils marquent leur territoire de nidification et se lissent mutuellement les plumes du cou. Niche d'avril à juillet, s'envole ensuite vers la haute mer. Souvent remarqué dans les eaux territoriales du Pérou et de l'Equateur.

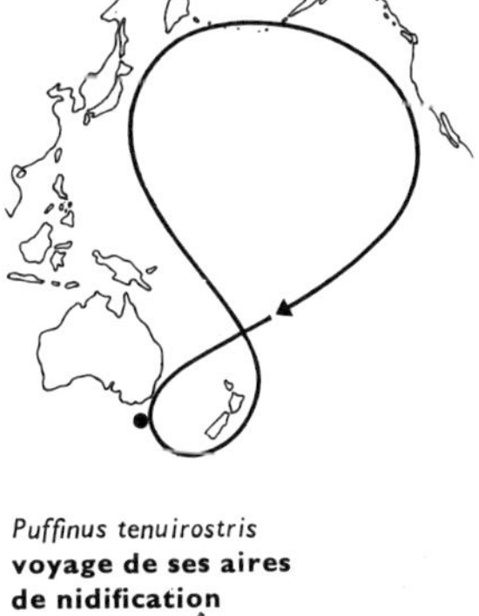

Puffinus tenuirostris
voyage de ses aires de nidification en Nouvelle-Zélande et en Australie loin jusqu'au Pacifique

25

26

27

Chapitre 4 UNE SOCIÉTÉ HÉTÉROGÈNE : LES STÉGANOPODES

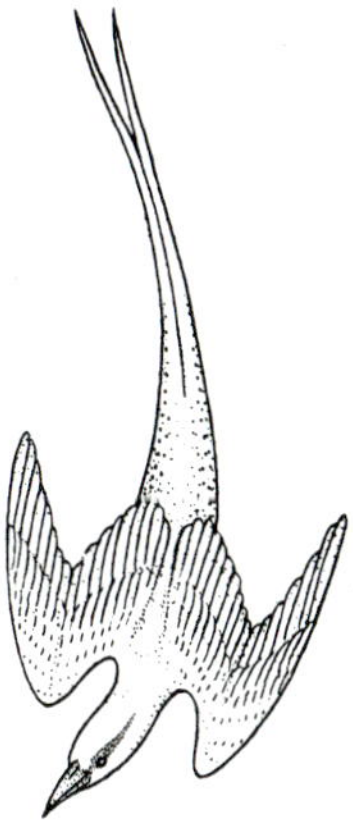

Phaéton piquant tête la première sur sa proie

Les oiseaux palmipèdes Pélicanidés ne forment pas un très nombreux groupe d'espèces, mais à leur aspect ils sont très hétérogènes, difficiles à ranger dans une seule famille. On y trouve des oiseaux élancés et rapides de la taille d'un pigeon, des oiseaux de taille moyenne au cou de serpent, d'autres, énormes et balourds au grand bec, d'excellents et de mauvais plongeurs, des voiliers adroits et d'autres moins. Ils ont une qualité commune : ce sont des pêcheurs émérites. Leur façon de pêcher s'exprime dans la forme de leur corps. On pourrait comparer le Pélican à un pêcheur à la truble ; le Phaéton et le Fou guettent leur proie à la surface de l'eau et se jettent dessus tête première, le Cormoran et l'Anhinga glissent sur l'eau et plongent sans bruit, la Frégate cueille sa nourriture qui flotte, ou la dérobe à un autre oiseau. Tous ces pêcheurs de poisson et autres animaux de mer ont des pattes adaptées, avec le doigt postérieur tendu en avant et les autres doigts unis par une palmure. Les œufs de Pélicanidés sont toujours d'une seule couleur, les petits naissent aveugles et nus ; ils ont longtemps besoin de soins parentaux. Les parents leur dégorgent la nourriture directement dans le bec.

Phaéton éthéré (28) l'une des trois espèces de Phaétons (*Phaetontidae*), ornement des mers tropicales. Cette espèce habite la zone tropicale de l'Atlantique, du Pacifique et de l'océan Indien.
Phaeton aethereus

28

Pélican nourrissant son petit

Par leur vol rapide et leur taille, les Phaétons rappellent les Pigeons. Ils passent la plus grande partie de leur vie au-dessus de la mer et s'y posent rarement. Ils piquent sur leurs proies, plongent et émergent vite. Ne plongent pas activement. Leurs petites pattes courtes ne peuvent pas vaincre la résistance de l'eau. Sur terre, ils sont malhabiles. A la différence des autres palmipèdes, ils pondent un œuf tacheté. Nichent dans les anfractuosités, entre les rochers et dans des trous peu profonds qu'ils creusent. Les jeunes éclosent lentement, au bout de 12 à 15 semaines ils sont indépendants. Lors des fiançailles, ils exécutent de superbes vols nuptiaux, en faisant ondoyer comme une traîne les plumes de leur queue.

Dans tout jardin zoologique, on trouve une espèce de Pélican, gros oiseau palmipède, dont certains atteignent 12 kg. On remarque surtout leur long bec droit, seulement légèrement recourbé au bout, dont la mâchoire inférieure est faite de deux branches flexibles réunies seulement à la pointe et entre lesquelles se trouve une large poche extensible. Les Pélicans habitent surtout les grands lacs intérieurs et les embouchures des grands fleuves, quoiqu'il y en ait qui habitent les côtes maritimes. Ils bâtissent leurs nids dans les roseaux, les bancs de sable, sur les îles et les rochers. Ce sont de grandes mais simples constructions, sauf s'ils les placent sur des arbres, ils les soignent mieux dans ce cas. Nichent en grandes colonies. Pas bien armés pour la plongée, trop légers avec leur peau et leur os aérés.

Pélican brun (30) fait exception parmi les Pélicans, car il habite la mer et, adulte, porte une robe
Pelecanus occidentalis sombre. Vit sur les côtes de l'Amérique du Sud et des Etats-Unis. A portée de rive, il guette sa proie au vol et dès qu'il l'aperçoit serre

29

30

ses ailes au corps et, cou tendu, se jette dans les vagues. Son corps lourd fait alors entendre un bruit sonore. Il émerge bientôt à la même place, toujours la queue en avant. Niche en énormes colonies. C'est l'un des principaux producteurs de guano.

Pélican blanc (29, 31) *Pelecanus onocrotalus* cache ses colonies nombreuses dans les touffes de roseaux. Tant que les adultes couvent leurs 2 à 4 œufs bleuâtres, la colonie est silencieuse. Les adultes sont presque muets et ne poussent que rarement un cri rauque. Mais fini le calme quand au bout d'un mois les jeunes éclosent puis grandissent, car ils quémandent leur nourriture à grands cris. Les petits naissent nus, avec un bec ni long ni grand en comparaison avec leur corps, mais il grandit dès que pousse le duvet. Au début, les parents régurgitent dans le nid une purée de poisson digéré, ensuite ils nourrissent de bec à bec. Les petits enfoncent la tête et le cou dans le bec du nourricier pour atteindre le poisson apporté dans la poche gulaire.

31

Niche dans le sud-est de l'Europe, en Asie Mineure, en Asie centrale et en Afrique tropicale.

Pélican frisé (32) niche dans les eaux douces du sud-est de l'Europe, en Asie Mineure, en Asie centrale et à l'Est jusqu'en Mongolie. Moins sociable que le Pélican blanc, avec lequel il partage cependant des colonies, mais il se tient à l'écart. Comme d'autres espèces de pélicans, il lui arrive de pêcher collectivement, formant un rang à une certaine distance de la berge, pour s'en rapprocher lentement tous ensemble, en battant l'eau des ailes et du bec. Ils chassent ainsi le poisson vers le bas-fond où ils le capturent aisément et l'emmagasinent dans leur poche. Le Pélican prend difficilement son envol, mais une fois en l'air il vole très bien, alternant le vol

Pelecanus crispus

battu et le vol plané. Ses volées ont une typique formation en ligne oblique. L'oiseau en vol tourne le cou vers l'arrière, le bec reposant sur la partie antérieure du cou.

Certaines espèces maritimes de Cormorans volent parfois à des dizaines de kilomètres vers les bancs de poissons. Le groupe des Cormorans (*Phalacrocoracidae*) compte 30 espèces et il est clair à première vue que ce sont d'excellents plongeurs et pêcheurs. Ils ont un long bec effilé dont la mandibule supérieure est crochue. Les pattes sont à l'extrémité du corps. Leurs os ne sont pas aérés et leur peau est dépourvue de coussins d'air, ils peuvent donc naviguer profondément sous l'eau et plongent avec une extraordinaire légèreté. Sous l'eau ils rament des deux pattes à la fois, sans se servir de leurs ailes. Chez eux les plumes se mouillent plus facilement que chez d'autres oiseaux aquatiques, c'est pourquoi on les voit souvent étendre les ailes pour se sécher. Les Cormorans nichent en colonies nombreuses, parfois en compagnie d'autres oiseaux aquatiques. Ils édifient leurs nids sur les arbres, buissons, rochers, entre les rocs et les fissures, selon les espèces, mais il existe aussi une grande variabilité des nids chez la même espèce.

Cormoran huppé (33) *Phalacrocorax aristotelis* vit, à l'époque des nids, sur les falaises des bords de mer, en Europe le long des côtes du Nord, de l'Est et de Sud, en Afrique du Nord et le long de la mer Noire. Chasse souvent en bandes nombreuses dans les criques paisibles.

32

33

Cormoran de Bougainville ou Guanay (34) habite en grand nombre les îles côtières occidentales de l'Amérique du Sud. Ce n'est pas sans raison qu'on l'appelle l'oiseau le plus précieux du monde, car ses gigantesques colonies sont les premières productrices de guano. Ses colonies de nidification sont les plus importantes de tout le monde avien. Sur l'une des îles Macabi de la côte péruvienne nichent une dizaine de millions de couples de ce Cormoran. Il n'est pas rare d'y découvrir trois nids sur un mètre carré.

Phalacrocorax bougainvillei

Cormoran à double crête (35), l'un des nombreux Cormorans de l'Amérique du Nord, où il niche en bord de mer et des lacs d'eau douce intérieurs. Dans les eaux riches en poisson il lui arrive de pêcher en bandes, formant une troupe de rabatteurs tandis que les pêcheurs plongent dans les profondeurs.

Phalacrocorax auritus

Grand Cormoran (36). On trouve cette espèce dans la partie orientale de l'Amérique du Nord, en Europe, Afrique, Asie, Australie et Nouvelle-Zélande, avec des colonies haut dans le Nord, en Islande, au Labrador et au Groenland, sur les eaux douces et sur la mer. Les colonies nombreuses de ce noir plongeur consomment de grandes quantités de poisson, aussi s'installent-elles sur les eaux poissonneuses. Ses populations sont parfois si denses qu'il y a parfois dix nids sur un même arbre, nids de branchettes au creux garni d'herbes, de roseaux, de gazon. La femelle pond 3 à 5 œufs bleuâtres avec une mince pellicule de craie blanche. Ils se mettent à couver dès la ponte du premier œuf, si bien que les petits naissent l'un après l'autre et qu'ils sont de taille différente. La couvaison dure de 28 à 30 jours, les petits sont nourris au nid durant 8 semaines, puis sur les branches voisines. Les parents leur apportent du poisson digéré, puis du poisson frais, et même de l'eau, dans leur poche gulaire. Le Cormoran atteint sa maturité sexuelle à l'âge de trois ans, les immatures vagabondent même à la saison des nids loin de leur colonie natale.

Phalacrocorax carbo

Position typique du Cormoran qui se sèche les plumes

34

35

37

Anhinga de l'Ancien Monde (37) habite les eaux douces de la moitié Sud de l'Afrique, l'Asie méridionale et l'Australie. Les Anhingas ou Oiseaux Serpents sont, avec d'autres espèces américaines, proches parents des Cormorans. Ils ont un long bec étroit et les deux mandibules sont dentelées sur les bords. Remarquables par leur cou de serpent, formant un S au repos. Même sous l'eau le cou est replié, mais dès qu'il voit sa proie, l'Anhinga le détend brusquement et la harponne. Il avale sous l'eau les petits poissons, mais sort avec les gros : il les lance puis les avale tête première.

Anhinga rufa

38

39

Fou de Bassan (38) l'une des 9 espèces de la famille des Fous (*Sulidae*). Typique oiseau de mer
Sula bassana nichant en colonie dans les îles ou sur les falaises côtières. Deux espèces nichent sur les arbres. Piquent d'une hauteur de 20 à 30 mètres sur leurs proies, poissons et céphalopodes. Les ailes serrées au corps, ils plongent longtemps. Le Fou de Bassan niche dans l'Atlantique Nord.

Petite Frégate (39) de la famille des Frégatidés, niche dans les îles de la zone tropicale des trois
Fregata minor océans. Avec leurs grandes ailes règnent dans les airs. Leurs petites pattes aux palmures réduites ne facilitent ni la nage ni la plongée. Elles capturent leurs proies en les cueillant à la surface de l'eau, ou en forçant d'autres oiseaux, Fous, Mouettes, Pélicans et Cormorans, à leur abandonner leur butin en plein vol. La Frégate est si agressive, son bec crochu assène des coups si redoutables que beaucoup d'oiseaux rejettent leur proie dès qu'ils l'aperçoivent. Construit de gros nids dans les broussailles et les arbres, en petites ou grandes colonies.

Chapitre 5 TOUJOURS AVEC ÉLÉGANCE

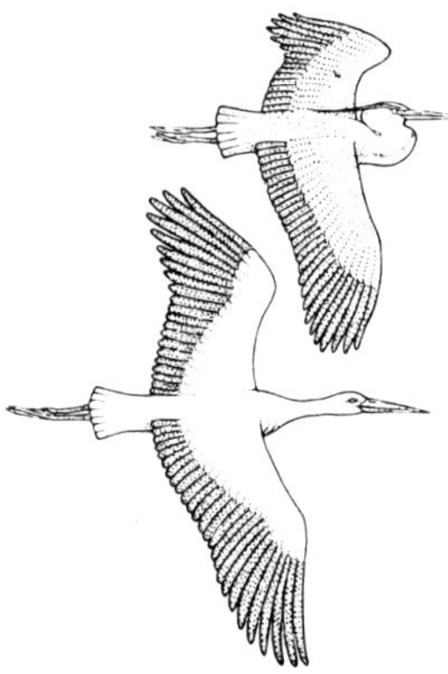

Modes de vol différent du Héron et de la Cigogne

Corps élancé et long cou, plumage de couleur sobre mais souvent agrémenté de plumes ornementales, mouvements harmonieux des longues pattes et perfection du vol sont les caractéristiques de la plupart des oiseaux de l'ordre des Ciconiiformes. On peut dire sans exagérer que ce sont là les plus élégantes des créatures.

Les échassiers sont répandus dans les zones tempérées et chaudes de tous les continents, mais la grande majorité des espèces vit dans les tropiques. Toutes ont de hautes pattes aux doigts flexibles souvent unis à la racine par une courte palme qui leur permet de marcher dans l'eau peu profonde et la fange. Etant tous carnivores, les Echassiers ont un bec adapté à la pêche, souvent long et recourbé, mais spécialisé en forme de cuiller chez la Spatule, ou fin et sensible au bout chez l'Ibis. La famille qui comporte le plus d'espèces, 59, est celle des Hérons (*Ardeidae*), la famille aux aspects les plus divers est celle des Ibis (*Threskiornithidae*) avec 28 espèces, le groupe le plus évolué, avec 16 grandes espèces, est la famille des Cigognes (*Ciconiidae*), tandis que l'Ombrette est la seule représentante des Scopidés et le Bec-en-sabot la seule espèce des Balaenicipitidés.

Héron cendré (40, 41), représentant typique et le plus répandu des Ardéidés. Habite toute l'Europe depuis les Pyrénées, les régions tempérées et subtropicales d'Asie jusqu'au Japon ; une sous-espèce méridionale atteint le sud de l'Afrique et Madagascar. Niche de préférence en grandes colonies sur de grands arbres, par endroits niche en couples séparés. Pond de 4 à 5 œufs bleu-vert, les deux adultes couvent et prennent soin des petits, qu'ils alimentent de petits poissons, de batraciens et de mollusques, souvent aussi de campagnols. C'est merveille, d'observer un héron qui pêche. Guettant, attentif et figé, ou avançant à pas lents dans les bas-fonds, dès qu'il aperçoit une proie, il détend comme une flèche son long cou et la pique avec une précision quasi-infaillible. Le mouvement sinueux de son cou est facilité par 20 vertèbres, dont la sixième est prolongée. Certains hérons ont adopté une manière bien personnelle de pêcher, par exemple en déployant les ailes pour ombrager l'eau et mieux y voir. On a même décrit de façon digne de foi comment le Héron vert d'Amérique (*Melanophoyx ardesiaca*), un oiseau élevé dans un aquarium maritime, a appris

Ardea cinerea

40

42

à se servir de boulettes d'appât pour poisson que le public laissait traîner près de l'eau.

Grande Aigrette (42), le plus grand des hérons blancs, c'est un oiseau superbe au plumage d'un blanc éclatant, avec de fines plumes scapulaires allongées, dont les oiseaux s'enveloppent comme d'un voile transparent au cours des parades nuptiales. Elle est cosmopolite et niche, outre dans l'Europe du Sud-Est et dans les régions chaudes de l'Asie, jusqu'au Japon, en Afrique, les archipels de l'océan Indien, l'Australie et les deux Amériques.
Casmerodius albus

Héron bihoreau (43) appartient au groupe des Ardéidés petits et trappus, aux pattes courtes mais avec de longs doigts préhensiles, typique habitant des arbres et taillis côtiers. Niche toujours en colonies comptant quelques centaines de couples installés au même endroit pour de nombreuses années. Pond 4 à 6 œufs bleu-vert dans un nid sommaire de branchettes. Les deux partenaires se relaient pour couver, de même soignent-ils ensemble les petits qu'ils nourrissent en régurgitant directement dans leur bec. Tant qu'ils nichent, ils restent silencieux toute la journée, trahis seulement de temps à autre par un cri de jeune affamé. Les petits sont vite très agiles et savent très bien grimper dans les branches auxquelles ils s'accro-
Nycticorax nycticorax

43

chent souvent par le bec. Habite les régions chaudes d'Europe et l'Asie entière, l'Afrique, et les deux Amériques.

Blongios nain (44), le plus petit des Ardéidés, de la taille d'une tourterelle, mâle et femelle de couleur très différente. Vit très caché dans les roseaux où il se fait un nid typique de tiges entrecroisées avec un creux assez plat, où la femelle pond 5 à 6 œufs d'un blanc pur. En cas de danger, jeunes et adultes se mettent en boule et restent immobiles, se confondant alors avec le milieu ambiant. Vit dans les régions paléarctique, éthiopienne et australienne. Les populations nichant en Europe hivernent en Afrique tropicale.
Ixobrychus minutus

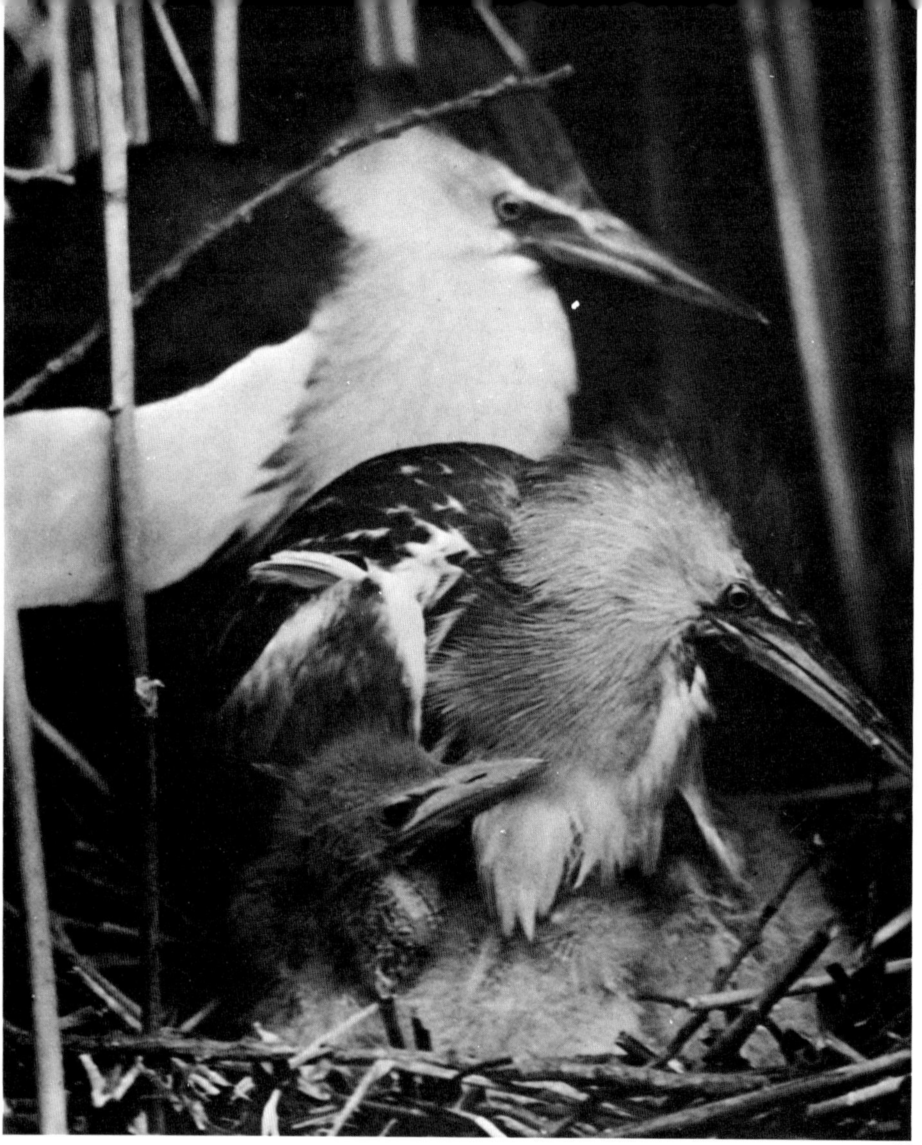

44

Butor étoilé (45) habite exclusivement les roselières de toute la région paléarctique et vit aussi
Botaurus stellaris

en Afrique du Sud. En Europe il a fortement régressé au cours des dernières années, et l'on entend de moins en moins souvent au printemps son étrange cri qui porte loin. A la différence des autres échassiers, la femelle seule couve et soigne les petits. Le mâle a souvent plusieurs femelles qui nichent non loin les unes des autres. Le nid est toujours placé dans les roseaux de l'année précédente et l'oiseau s'y perd absolument, avec son coloris jaune-brun rayé. Pond au début du printemps 4 à 5 œufs brunâtres de teinte unie. Les jeunes, tout hérissés et bruns, s'éparpillent vite dans les roseaux et s'y mettent en boule, en cas de danger. Il est rare d'apercevoir le Butor étoilé en vol, tout au plus l'aperçoit-on quand il regagne lentement son nid, volant bas au-dessus des roseaux. Il quitte régulièrement ses nids en hiver, quand il habite le Nord, mais il n'est pas rare qu'on en rencontre souffrant au cœur de l'hiver.

46

47

Savacou huppé ou **Bec-en-cuiller** (46). Rangé dans une famille indépendante (Cochleariidés)
Cochlearius cochlearius pour son bec inhabituel, très largement aplati. Rappelle le Héron bihoreau par la forme du corps, sa coloration et ses mœurs. Vit très caché, tout au plus en petits groupes, dans les mangroves enchevêtrées des rives de fleuves en Amérique, du Mexique central au Brésil. Ses grands yeux noirs témoignent de ses mœurs nocturnes.

Bec-en-sabot (47) avec son énorme bec en forme de sabot est une curiosité dans le monde
Balaeniceps rex des oiseaux. Vit en Afrique tropicale orientale, surtout au long du Nil supérieur. Les anciens Egyptiens le connaissaient déjà, mais il fut longtemps inconnu en Europe, car il habite les papyrus de marais difficilement accessibles. Pond 2 œufs seulement, blancs, et qui brunissent sous l'effet de la fermentation des herbes du nid en cours de couvaison. Emet un cri croassant, comme les Hérons. Mais on connaît mieux son claquement de bec, comme celui de la cigogne.

48

Marabout d'Afrique (48) est le plus connu des représentants du groupe des Marabouts, de la famille des Ciconiidés. D'aspect répugnant, il est cependant utile, car il se nourrit surtout de charognes. Vit dans les régions désertiques d'Asie et d'Afrique, où grâce à son rôle sanitaire il est très honoré et protégé. Avec un calme souverain il attend son repas funèbre, dont il s'octroye sa part grâce à son bec puissant, tenant en respect hyènes et vautours. Niche de préférence sur des arbres isolés, mais s'adapte à la vie citadine. Comme toutes les cigognes, ne fait entendre que sifflements ou claquements du bec.

Leptoptilos crumeniferus

Ombrette (49) se distingue des autres Ardéiformes par quelques caractères : bec fortement aplati sur le côté, volumineuse huppe sur la tête et plusieurs particularités biologiques qui en font une famille à part. Dans ses mœurs, signalons cette étrange danse, sorte de reconnaissance, où les oiseaux rassemblés sautillent d'abord gauchement les uns autour des autres, penchent la tête et s'arrêtent soudain, l'air grave. Vit uniquement dans la région éthiopienne. Remarquable énorme nid rond avec entrée latérale, de 1,5 m à 2 m, quoique la taille de l'oiseau ne dépasse pas 50 cm. Nid de gazon, boue et branchettes, placé sur un arbre près de l'eau ou dans des brèches de rochers, souvent plusieurs nids l'un près de l'autre. Construit par les deux partenaires, durant quelques mois, il leur sert durant des années. Les oiseaux le regarnissent sans cesse de matériaux inhabituels : chiffons, os, tessons. Pond 3 à 6 œufs blancs dont les deux parents prennent soin, ainsi que des enfants. Se nourrit de crustacés et petits vertébrés.

Scopus umbretta

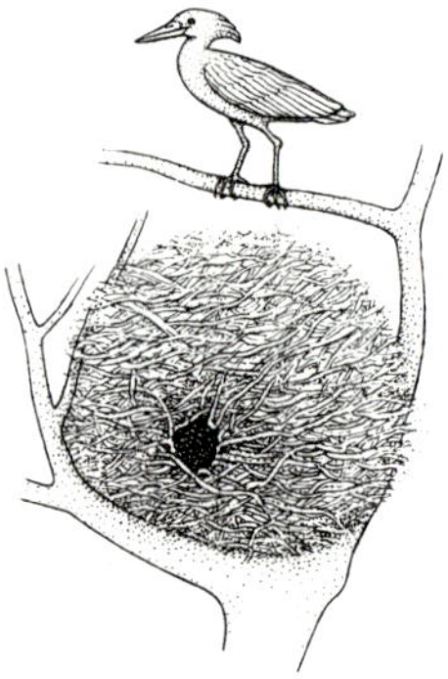

Nid d'Ombrette

49

50

Le groupe des Ibis (*Threskiornithidae*) comprend des oiseaux de taille moyenne, plus petits que les cigognes. Ils ont en général un long bec sensible, légèrement recourbé vers le bas. S'en servent pour extraire les petits animaux de la boue. Tendent le cou en vol, et ne savent pas planer. Dorment en enfonçant leur bec sous les plumes de l'aile. Vivent presque toujours en société et nichent en colonies, souvent avec les Hérons, Bihoreaux et Cormorans. Habitent toutes les zones chaudes et tropicales de l'Ancien et du Nouveau Monde sauf l'Océanie.

Ibis sacré (50) occupe une place de premier rang dans certains cultes. Il y a 5.000 ans les Egyptiens
Threskiornis aethiopicus
honoraient cet oiseau, symbole de leur religion et du savoir. Thot, scribe des dieux, se représentait avec une tête d'ibis. A l'époque l'Ibis était généralement répandu en Egypte et apparaissait lors des crues du Nil, au printemps, annonciatrices de riches moissons. Il est rare de nos jours en Egypte, son habitat principal est en Afrique tropicale, au sud du Sahara. Se nourrit de petites bêtes, larves d'insectes aquatiques amphibies, mange volontiers les sauterelles. Vie très sociale, attitudes et mouvements graves, lents, de même que son vol est léger et plein de dignité.

51

52

Tantale africain (51) de la famille des ciconiidés, quoique son bec légèrement recourbé rappelle
Ibis ibis un peu l'Ibis. Par son vol et ses attitudes se différencie très peu de la Cigogne blanche. Niche en communauté sur les arbres et les rochers dans la zone tropicale de l'Afrique du Sud.

53

54

Jabiru d'Afrique (52) la plus grande des cigognes, atteignant 150 cm de haut. Bec inhabituellement colorié, rouge à raies noires et un écusson jaune à la base de la mandibule supérieure. Vit en Afrique tropicale, où il bâtit sur de hauts arbres un énorme nid.
Ephippiorhynchus senegalensis

Ibis chauve (53), espèce en voie d'extinction, peu connue, qui niche sur les rochers du bord de mer et dans la haute montagne, parfois dans les ruines. Répartition actuelle limitée, pas bien connue, vit sur les petites îles de l'Afrique du Nord et au pied de l'Atlas, près de la mer Rouge et en Syrie. Jusqu'au 16e s. nichait en Europe dans les Alpes et jusque les rochers de Salzbourg.
Geronticus eremita

Jabiru américain (54) cigogne américaine répandue en Amérique du Sud jusqu'au Mexique. Près de la moitié plus grand qu'une cigogne, bec puissant, tête noire dénudée et cou à bande rouge.
Jabiru mycteria

Jabiru asiatique (55) habite toute l'Inde, le Pakistan et Ceylan, mais n'abonde nulle part. Vit
Xenorhynchus asiaticus par couples, place son nid au faîte de grands arbres, vieux de préférence, surtout des figuiers isolés.

Ibis rouge (56), incontestablement le plus bel Ibis coloré, espèce exclusivement américaine,
Eudocimus ruber habitant les états du Sud des U.S.A. jusqu'au Vénézuela et au Brésil. Niche sur les arbres, souvent en grandes colonies de plusieurs milliers de couples. Forme des colonies mixtes avec l'Ibis blanc, souvent en couples mélangés.

Cigogne noire (58) très farouche, vit dans les forêts de montagnes et de plaines, niche sur les
Ciconia nigra arbres et aussi sur les rochers. Pêche dans les lieux calmes des étangs et ruisseaux du poisson, des amphibies, reptiles et insectes. Nidification semblable à celle de la cigogne blanche. Les adultes volent loin des nids, jusqu'à des dizaines de kilomètres. Son aire de répartition va d'Europe centrale par les Balkans et la Turquie vers le Sud, au nord des pays Baltes jusqu'au Pacifique et à l'île Sakhaline, à travers l'Asie. Vit de façon isolée dans la partie sud de la péninsule Ibérique. Fait sa migration d'hiver vers l'Afrique comme la Cigogne blanche, dans les deux sens. Apparaît souvent aussi en Italie et en Grèce.

Cigogne blanche (57, 59), bien connue, de tout temps s'est montré là où il y a des hommes.
Ciconia ciconia Grâce au baguage, c'est l'une des espèces la mieux étudiée. Répandue en Europe et dans les régions du centre de l'Union Soviétique d'Europe, à l'exception de l'Italie, la France, l'Angleterre et la Scandinavie, au sud-est il y en a des populations nombreuses en Turquie, Irak et Iran, au Sud elle niche sur le continent africain en Tunisie, Algérie et Maroc. En Europe elle est en voie de diminution constante, surtout dans les régions méridionales, sans doute sous l'effet des modification dans l'agriculture. La cigogne installe le plus souvent son nid sur une cheminée, un toit, un arbre, elle ne cesse de le reconstruire tout au long de la nidification, si bien que le vieux nid atteint des proportions gigantesques atteignant jusqu'à 250 cm de large, 2 m de haut et un poids de 500 à 900 kg. La cigogne a presque toujours des sous-locataires, moineaux et étourneaux. Elle pond 3 à 6 œufs blancs qui ne donnent que 2 à 3 cigogneaux, car beaucoup de petits périssent. Les adultes soignent bien leurs petits et les protègent contre les incursions d'autres cigognes ou les intempéries. Quand le soleil tape dur, elles les ombragent et leur appor-

Principaux itinéraires des migrations de la Cigogne blanche

55

56

57

58

59

Cérémonial des salutations par claquements du bec sur le nid

tent de l'eau dont elles les aspergent. L'élevage est soumis à un emploi du temps précis, le nourrissage au cours duquel les petits tendent leurs têtes en éventail au centre du nid où les adultes leur jettent la nourriture (grenouilles, mulots), ensuite une petite sieste, puis une toilette soignée et la gymnastique : on s'étire, se promène dans le nid, on étend les ailes et les agite. Les jeunes s'exercent aux principes du vol de plus en plus longtemps, tant qu'ils ne tiennent pas l'air au moins durant une minute, au-dessus du nid. Ce n'est qu'ensuite qu'ils s'enhardissent à quitter le nid et à tournoyer dans les airs avec les parents. Le départ vers les lieux d'hivernage se fait par itinéraires traditionnels. La principale route des migrations venant d'Europe orientale et centrale en direction du sud-est passe par les Balkans, l'Asie Mineure, la péninsule d'Arabie, vers le Nil au long duquel elles s'étirent jusqu'aux régions les plus méridionales. Venant d'Europe occidentale, elles passent par Gibraltar, s'installent en Guinée et encore plus au Sud.

Spatule blanche (60), *Platalea leucorodia* proche parente de l'Ibis, se reconnaît à son bec aplati au-dessus, vers le bout, et élargi en forme de cuiller. Sous l'eau elle décrit avec lui des quarts de cercle, ici et là, rapide, elle cueille de petites bêtes à manger. Souvent elles sont plusieurs à pêcher ensemble, en ligne. Au vol, elle bat des ailes plus vite que la cigogne ou le héron, et plane de brefs instants. Son principal habitat est l'Europe du Sud-Est et les régions chaudes de toute l'Asie. En Europe occidentale ses aires de nidification sont protégées, en Hollande et au sud de l'Espagne. Nidifie en groupe dans les roseaux, les taillis du bord de l'eau et les arbres.

60

Chapitre 6 SPLENDEURS DES FLAMANTS

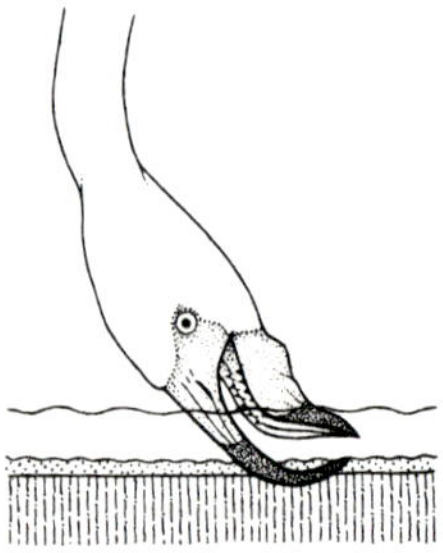

Bec de Flamant

Chez les oiseaux vivant en milieu inhabituel et spécialisés à une certaine nourriture, l'évolution a abouti souvent à des formes et des adaptations fonctionnelles diverses. Ces changements n'ont pas toujours conduit à des apparences esthétiques telles que les conçoit l'homme, mais les Flamants y sont arrivés, ces habitants des baies maritimes et des lacs salés d'Europe, Asie, Afrique et Amérique. Ces créatures de légende nous émerveillent par leur merveilleuse coloration rose et l'élégance de leurs mouvements. Leur envol, couleur de flamme sur le fond vert de l'eau, le nuage formé par leurs milliers d'ailes soulignées de noir sur l'azur du ciel, c'est un spectacle inoubliable.

L'adaptation du bec à la capture de petites bêtes dans les fonds marécageux est remarquable. Bec crochu, les mandibules bordées de lamelles cornées qui filtrent l'eau repoussée par une langue charnue, très sensible. En barbottant, le Flamant retourne la tête sur le fond au point que c'est la mandibule supérieure qui est en dessous et par la mandibule inférieure, il pousse la vase et les animalcules à l'intérieur du bec.

Le Flamant survole d'assez longues distances au-dessus des bas-fonds, souvent 50 km, à la recherche de nourriture. Il en existe 4 espèces dans le monde entier formant un très ancien genre dont la classification systématique reste problématique : ils ont à la fois des caractères des Ansériformes et des Lamellirostres. C'est pourquoi la plupart des systématiciens rangent le Flamant dans un ordre à part.

Petit Flamant (61) est une des petites espèces les plus abondantes. Vit dans les lacs saumâtres de
Phoeniconaias minor
l'Afrique orientale et dans l'Inde du Nord-Est. Il est encore très nombreux, on estime qu'il en niche un million en Afrique et un quart de million en Inde. Le système filtrant de son bec est si parfait, avec ses lamelles fines comme des cheveux, qu'il retient les plus petites algues ou perce-pierres, essentiel de sa nourriture. Les deux autres petites espèces vivent, au nombre de quelques dizaines de milliers seulement, dans les lacs andins aux Pérou, Chili et Bolivie, jusqu'à 4.000 m d'altitude. L'une d'elles, le Flamant de James, estimé comme en voie d'extinction, fut retrouvée en petit nombre au Chili, en 1957, ce qui fit sensation.

61

63

Flamant rose (62, 63) le plus grand Flamant, avec 125 cm de hauteur. Répandu de façon cosmopolite, quelques colonies autour des mers Méditerranée et Caspienne, du golfe Persique jusqu'en Inde occidentale, en Afrique et en Amérique, où il niche en colonies dans les Caraïbes et en Amérique du Sud du Pérou à la Terre de Feu. Change parfois d'aire de nidification selon la hauteur des eaux. Forme trois races géographiques. Dans les derniers temps les Flamants ont abandonné des aires de nidification trop près des aéroports, car ces oiseaux ont une peur panique des avions. Vit par couples, niche en colonies atteignant des milliers de couples. Se bâtit un nid à sa façon : un tas de boue et de détritus végétaux de 50 cm à la base et 20 à 40 cm de haut, avec un trou peu profond au sommet. Pond un seul œuf, rarement deux. Les deux partenaires couvent avec les pattes repliées sous le corps si bien que le bout dépasse le bord du nid. Les jeunes éclosent au bout d'un mois (28 à 32 jours), tout couverts d'un épais duvet poudreux blanc. Ils ont d'abord les pattes courtes, un bec droit, et ils sont très remuants. Quittent le nid au bout de quelques jours. A la naissance les parents les nourrissent avec une secrétion de leur tube digestif, qui contient beaucoup de sang et qui pourrait se comparer quant à la valeur nutritive au lait des mammifères.

Phoenicopterus ruber

Chapitre 7 DES CONJOINTS FIDÈLES

Phase spectaculaire du cérémonial de la pariade : les cygnes se dressent face à face et poussent leur cri de trompette

Les oiseaux, pour la plupart des espèces, vivent en couples au moins durant la saison des nids. Ce n'est pas une affaire si simple ! Bâtir un nid, couver les œufs, nourrir les petits, ce sont là tâches exigeantes auxquelles la femelle seule ne suffirait pas. La polygamie ne se rencontre en général que chez les oiseaux nidifuges, exceptionnellement chez des espèces d'autres ordres (Bécasse des bois, Butor étoilé). La fidélité la plus connue est celle des Cygnes et des vraies Oies. Si l'un des partenaires meurt, seuls les oiseaux jeunes encore se remarient, les plus âgés mènent un éternel veuvage. Pendant la couvaison le mâle du Cygne et de l'Oie mène la garde, couver est l'affaire de la femelle exclusivement. Le mâle veille consciencieusement et sans peur, il attaque des assaillants plus grands que lui, voire l'homme, se servant de ses ailes comme arme redoutable. Après la naissance le mâle reste encore avec la famille. La cohésion familiale est très ferme, même si en cas de danger plusieurs familles se rassemblent, elle se maintient aussi dans les migrations vers les lieux d'hivernage, pour ne se dissoudre que lors de la formation de nouveaux couples. Leur vie sociale complexe, leur adaptation et leurs réactions « raisonnables » aux diverses situations ont fait ranger les oies parmi les oiseaux les plus intelligents.

Les Oies et les Cygnes, avec un mélange varié d'Anatidés, se rangent dans l'ordre des Ansériformes qui au point de vue de l'aspect extérieur forme un groupe très marqué. La forme du corps et la plupart des organes sont adaptés à la vie aquatique. Les principaux caractères sont la forme fuselée du corps, de courtes pattes palmées, un duvet épais isolant le corps et des plumes de contour serrées, ointes d'une graisse sécrétée par la glande uropygienne, et surtout le bec, plus ou moins aplati avec des crans latéraux et un onglet à la pointe. La plupart des espèces barbote dans la vase et filtre l'eau, chez d'autres le bec sert à brouter, d'autres encore sont pourvues d'un bec plus long adapté à la pêche.

Le Cygne, oiseau bien connu de tous, vit dans les deux hémisphères. Les Cygnes nordiques sont d'un blanc pur (adultes) tandis que ceux de l'hémisphère sud ont des parties noires. Il n'y en a que 5 espèces dans le monde entier.

Cygne domestique ou **Cygne muet** ou **Cygne tuberculé** (64, 65), l'un des plus grands et des plus lourds oiseaux vivants. Le mâle peut atteindre 2,5 m d'envergure et peser 20 kg. N'empêche que le Cygne prend assez aisément son envol, sans devoir courir sur l'eau. Glissant ou volant, il est majestueux, le cou tendu, agitant lentement les ailes avec un frou-frou audible. Le nid est un grand tas d'herbes sèches, conique, de 2 à 3 m à la base et jusqu'à 1 m de haut, édifié par les deux partenaires. La femelle pond de 5 à 7 œufs vert-gris, les jeunes éclosent au bout de 35 à 40 jours de couvaison ininterrompue ; ils sont gris clair. Matures à la quatrième année, souvent ne nichent que beaucoup plus tard. Herbivores, ils cherchent leur pâture dans l'eau où leur long cou leur permet d'atteindre assez profond, l'arrière-train pointant en dehors de l'eau. En cas de besoin, ou en captivité ils se contentent des restes de notre table. Leur élégance quand ils glissent sur l'eau, cou flexible, ailes gonflées, a toujours fait l'admiration de l'homme, qui les protège. Seul le Cygne trompette (*Cygnus cygnus buccinator*) a connu en Amérique le cruel destin d'être chassé au point de frôler l'extinction, et ne fut sauvé in extremis que par une sévère protection.
Cygnus olor

Cygne chanteur ou **Cygne sauvage** (66) comporte quelques races géographiques peu distinctes. Habite un territoire étendu de l'Islande à la Scandinavie septentrionale, toute la Sibérie, l'Asie centrale jusqu'au Kamtchatka et au nord du Japon. Son aire de nidification touche le cercle polaire. En hiver descend au sud, sur les bords de la mer Baltique ou de la mer du Nord, et jusqu'aux lacs alpins et à la Méditerranée quand l'hiver est rude. Il hiverne près de la mer Noire et de la Caspienne, et à l'Est jusque dans les eaux de la Chine orientale. A l'encontre du Cygne domestique qui s'est établi en populations nombreuses auprès de l'homme, le Cygne chanteur est resté sauvage, fidèle à ses anciens territoires non habités par l'homme. En vol, et sur l'eau, il fait entendre une voix assez mélodieuse qui rappelle le son du trombone.
Cygnus cygnus

66

67

Cygne noir (67) célèbre cygne de l'hémisphère sud. Cet Australien a été acclimaté avec succès
Cygnus atratus
comme oiseau ornemental en Europe où il est maintenant élevé en liberté. Se distingue par un cou extraordinairement long et un bec couleur corail.

Parmi les Anatidés, on distingue quant à leur aspect deux genres principaux, l'Oie (*Anser*) et la Bernache (*Branta*). Chez l'Oie du genre *Anser* prédomine le brun et le blanc, les pattes jaune, orange ou couleur chair et le bec de même teinte, exceptionnellement noir. Bec assez grand avec un large onglet. Au contraire, la Bernache est d'un beau noir avec divers détails blancs, un petit bec à l'onglet étroit, toujours noir, ainsi que les pattes. Les vraies Oies n'habitent que les régions tempérées et boréales de l'hémisphère nord, avec la seule exception de la Bernache de Hawaï qui vit dans la zone tropicale du Pacifique. Les populations les plus nombreuses d'Oies et de Bernaches vivent dans les toundras septentrionales de l'Ancien et du Nouveau Monde d'où elles partent pour hiverner bien loin, en Amérique jusqu'au Mexique et aux Etats du Sud, en Europe jusqu'en Méditerranée y compris la côte africaine, à l'Est jusqu'en Inde et en Chine. Toutes les espèces ont beaucoup de mœurs similaires, vivent encore plus longtemps unies que le cygne, elles sont toutes plus ou moins chassées, et leur protection a été nécessaire.

Oie cendrée (68, 69) aïeule de l'Oie domestique, c'est la seule Oie nichant en Europe centrale,
Anser anser
Tchécoslovaquie, Hongrie et Autriche sur le Balaton et le lac Neusiedl (Ferto), dans la région des lacs de la R.D.A. et surtout en Pologne, où vit la plus nombreuse population : 300 couples. En maints lieux de nidification elles ont péri ou ont dû fuir par suite des modifications du milieu. Elles commencent à nicher tôt au printemps, la pariade se déroule collectivement et les premières pontes se font en même temps. Les nids sont

de grandeurs différentes selon le milieu. Sur l'eau, les Oies bâtissent de grands nids dans les roseaux, sur les îlots secs, ce sont de petits nids parfois réduits à quelques brindilles et un coussin de leur propre duvet. Les œufs, d'un blanc pur, ont une surface granuleuse, souvent de 4 à 7, ils sont couvés par la femelle seule, de 25 à 30 jours. Les oisons sont jaune-vert, ont des pattes et un bec noir, et une fois secs quelques heures après l'éclosion, les parents les conduisent à l'eau, à l'abri dans la végétation. C'est dans les premières heures de leur vie que les oisons gravent dans leur mémoire l'image et la voix de leurs parents, et s'ils rencontrent alors l'homme, ils se conduisent envers lui comme envers leurs propres parents. Pendant le nourrissage, les oies vivent très cachées et on ne peut les voir que matin et soir au pâturage. Elles muent alors, perdent toutes les plumes d'un coup et sont incapables de voler pour plusieurs semaines. Pour cette mue, elles se rassemblent très nombreuses, même si elles ne nichent pas. Elles passent beaucoup de temps sur la terre ferme, où elles paissent les herbes diverses. Friandes de jeunes pousses, blé, maïs, elles vont parfois brouter très loin, à la faveur de la nuit. Elles vont à l'eau pour boire, se baigner, et en cas de danger. Quand elles paissent ou se

69

reposent, il y en a toujours une qui monte la garde et les avertit d'un danger à grands cris, qui ressemblent à ceux de l'Oie domestique, et qui ont plusieurs dizaines d'intonations : ramage satisfait, conversation du couple, appel, cri de mise en garde, clameur de victoire et toutes les voix de la pariade. Leur vie a un rythme diurne et nocturne bien observé, elles maintiennent les usages dûs aux différents milieux comme le choix de l'emplacement des nids, des lieux de repos, de mue, de rassemblement avant la migration.

Oie des moissons (70) *Anser fabalis*

la plus nombreuse des **14** espèces vivant dans le monde, quoiqu'elle soit en régression en Europe pour l'hivernage et les passages, formés de milliers d'oiseaux encore avant la guerre, et qui ne sont plus qu'un passé irréversible. L'aire de nidification de cette oie est très étendue, des côtes orientales du Groenland, l'Islande et le nord de la Scandinavie, couvrant tout le nord de l'Asie, sa limite sud longe l'Altaï et la Chine du nord. Elle a des caractères écologiques et géographiques qui la distinguent des autres surtout quant à la taille et à divers dessins en jaune et noir sur le bec. En règle générale, dans la toundra sans arbres des régions nord cette Oie est plus petite, son cou est plus court, tandis que l'Oie de la taïga boisée est plus grande, avec un plus long cou.

70

71

Les salutations de l'Oie cendrée rappellent celles de l'Oie domestique

Oie des neiges (71) indique par sa coloration blanche qu'il s'agit d'un oiseau habitant les régions arctiques. Ses principales aires de nidification s'étendent dans l'Océan glacial arctique, le long des côtes du Canada et du Groenland ; en Asie continentale arctique et dans l'île Wrangel. Il en existe deux phases, une blanche et une gris-bleu, qui se mélangent partout et que l'on peut voir dans les immenses colonies chères à l'Oie des neiges. Elle niche partout où elle trouve une petite place sans neige. Ses colonies attirent le renard polaire, qui détruit beaucoup de nids. Elle hiverne surtout aux U.S.A., sur la côte ouest du golfe du Mexique, et un moins grand nombre migre le long des côtes est de l'Asie jusqu'au Japon.

Anser caerulescens

Oie naine (72), l'une des plus petites oies de la famille *Anser*, atteint à peine les $\frac{2}{3}$ de la taille de l'Oie cendrée. Mature, l'oiseau a une tache blanche sur le front, il ressemble à la grande Oie à front blanc, mais sa tache blanche arrive presque sur le sommet. Niche sur une étroite bande près du cercle polaire de la Scandinavie à la presqu'île des Tchouktches. En Europe centrale et occidentale elle hiverne en association avec l'Oie rieuse, mais en nombre réduit, son principal hivernage étant plus à l'Est, vers la mer Caspienne.

Anser erythropus

72

73

74

Oie cygnoïde (73) est, avec l'Oie cendrée, une espèce depuis longtemps domestiquée. On estime
Anser cygnoïdes
qu'elle a été domestiquée en Chine, il y a plus de 3.000 ans, donc plus tard que l'Oie cendrée. Elle atteint une grande taille et jusqu'à 12 kg. Originairement brune, il en existe une sous-espèce toute blanche. On reconnaît toujours cette Oie à sa bosse à la base du bec et à son fanon. L'Oie sauvage habite l'Asie centrale depuis le cours moyen de l'Ob jusqu'au Kamtchatka et hiverne en Chine et au Japon.

Oie indienne (74) espèce la plus méridionale, reconnaissable à la tache en fer à cheval sur sa tête
Anser indicus
blanche, niche encore nombreuse en colonies sur les lacs de l'Asie centrale. Son hivernage principal est dans le nord de l'Inde. A l'encontre des autres oies, elle penche la tête en arrière avec son bec de biais vers le haut.

75

Oie à front ou **Oie rieuse** (75) espèce largement répandue dans le cercle polaire, oiseau typique
Anser albifrons
de la toundra non boisée. En régression parce que très chassée dans ses hivernages, reste l'une des espèces les plus nombreuses cependant, car ses lieux de nidification restent tranquilles. En migration s'associe volontiers aux autres oies. Trahit sa présence par son « bavardage », faisant entendre à tout instant une sorte de rire en deux syllabes « kyo-lyok ». Va loin au sud pour hiverner, en Europe jusqu'à la Méditerranée, dans le golfe Persique, le nord de l'Inde, le centre de la Chine, le Japon et en Amérique du Nord jusqu'au golfe du Mexique.

Bernache de Hawaï (76), l'une des oies nichant dans la zone tropicale, sur les îles Hawaï et Maui
Branta sandvicensis
en Polynésie. Autrefois abondante, farouche, nichant sur les pentes de lave, fut impitoyablement chassée au cours du siècle dernier par les Blancs, et ses nids ont été pillés par les sangliers et chiens sauvages. Cette espèce a été au bord de l'extinction, les efforts faits pour la maintenir du moins en captivité étant restés vains. En 1949, il en restait une vingtaine en liberté et 17 en captivité. La situation s'est améliorée en 1952, quand on a pu élever 9 petits dans la ferme de Slimbridge en Angleterre. Depuis lors, on a pu en élever quelques centaines et en relâcher dans les îles Hawaï, où il y en a actuellement plus d'un millier. Cet oiseau, protégé, est l'un des exemples des efforts humains.

Bernache cravant (77) est avec la Bernache du Canada l'une des plus nombreuses espèces de
Branta bernicla
Bernaches, répandues dans le cercle polaire. La plus septentrionale des Oies pour nicher, du 70e parallèle jusqu'aux rives du Groenland du Nord et les îles arctiques vers 82° de latitude nord. Forme 4 sous-espèces géographiques se distinguant surtout par la largeur du collier blanc et le dessous du corps clair ou foncé. Véritable oiseau maritime, se nourrissant d'algues, restant l'hiver au bord de mer dans des latitudes plus au sud, migrant rarement dans les terres. Cri rare, métallique, en trois syllabes « rott-rott-rott ». Au cours des dernières décennies le nombre d'oiseaux hivernant atteint à peine le dixième de ce qu'il était, par suite de la pollution des mers, surtout des côtes.

76

77

78

Bernache nonnette (78) espèce peu nombreuse, habite la côte nord-est du Groenland, au Spitzberg, Terre-Neuve et hiverne dans les régions de la mer du Nord et de la Baltique. Niche en colonies, sur les falaises côtières et les petites îles. En voie de diminution nette.
Branta leucopsis

Bernache à cou rouge (79) magnifique avec son plumage contrasté blanc, noir et roux sur la poitrine et la gorge, avec une tache entourée de blanc sur la tête. Vit dans la toundra, sur un seul territoire le long du cours inférieur de l'Ob, hiverne au bord de la mer Caspienne et de la mer d'Aral. Dans un lointain passé hivernait en Egypte.
Branta ruficollis

Bernache du Canada (80), oie typique de l'Amérique du Nord, avec beaucoup de races, des populations plus petites et à court cou de la toundra arctique aux grandes et à long cou des régions des lacs, boisées, du Sud. A été élevée depuis le 17e siècle au moins à l'état semi-sauvage, puis complètement libre en Angleterre, d'où elle s'est répandue jusqu'en Suède. De nos jours la Bernache du Canada de branche suédoise hiverne le long de la Baltique.
Branta canadensis

79

80

Chapitre 8 NI OIES NI CANARDS

Oie semi-palmée

Les espèces réunissant les caractères de plusieurs autres apparentées ne sont pas rares chez les oiseaux. Elles ne se marquent aussi nettement dans aucun autre ordre que celui des Ansériformes, où l'on trouve des espèces qui, outre des caractères extérieurs mêlés, ont aussi en commun certaines mœurs. En ce qui concerne l'aspect, c'est souvent la forme du bec, des plumes à éclat métallique, différence de plumage et de taille chez le mâle et la femelle. Pour les caractères biologiques, la durée des rapports conjugaux et des liens familiaux, l'élevage des jeunes, la coopération du mâle dans la couvaison, la vie sociale et l'emploi du temps, les cris, les réflexes de défense, etc. Ces faits se reflètent dans le nom qu'on leur a donné, souvent il arrive qu'une espèce soit appelée ici une Oie et là un Canard. Chez beaucoup d'espèces il est difficile de dire avec précision s'il s'agit d'un intermédiaire dans l'évolution ou d'une branche évolutive qui s'arrête là, ou encore d'une mutation apparue il y a longtemps.

L'Oie semi-palmée (*Anseranas semipalmata*), créature étrange, très archaïque, a des caractères d'Oie et de Canard, mais aussi d'autres qui rappellent les Kamichis d'Amérique du Sud et même les Gallinacés. A dû évoluer de façon isolée et n'a aucun proche parent. Habite uniquement l'Australie, la Tasmanie et la pointe sud de la Nouvelle-Guinée.

Céréopse (81), *Cereopsis novae-hollandiae*

antique espèce de l'Australie du Sud. Son aspect indique une parenté avec les Oies, mais son évolution isolée a mené à certains caractères étranges, surtout son bec avec une cire gonflée, vert-jaune. Vit en couples durables, isolés, à proximité de l'eau, mais reste sur terrain sec. Niche au sol, bizarrement au moment de l'hiver australien, de juin à août ; la femelle couve très assidûment ses 5 à 6 œufs et ne quitte presque jamais le nid. Cette Oie a gardé dans les jardins zoologiques d'Europe son habitude de nicher en hiver, de novembre à janvier. Le mâle participe occasionnellement à la couvaison et attaque hardiment tout intrus. Dans un passé

81

82

83

récent, cette Oie était presque éteinte, mais elle est maintenant pleinement protégée dans son pays, s'élève avec succès dans les jardins zoologiques, donc son avenir est assuré.

Chauna (82), représentant d'un antique groupe primitif de Kamichis, habitant l'Amérique du Sud. A première vue rappelle plutôt un Gallinacé, surtout par la forme de la tête et du bec et ses fortes pattes sans palmures. Mais une série de caractères anatomiques (constitution des os, couche de duvet, absence d'aptéries) la range plutôt dans les Ansériformes. Certains caractères très primitifs prouvent l'évolution isolée de ce groupe, surtout la même direction des plumes de couverture sur tout le corps et l'éperon caractéristique sur le poignet de l'aile. Vit dans la végétation au bord des eaux dormantes et courantes, où il fait son nid d'herbes ramassées. Les parents couvent ensemble et soignent leurs petits. Restent en sociétés après la nidification. On peut alors entendre leurs concerts du soir.
Chauna torquata

Oie de Magellan (83) l'une des cinq espèces habitant les régions froides de l'Amérique du Sud. Par son aspect, ressemble plus aux Bernaches, mais est plus proche des Canards par son comportement et certains caractères — mue deux fois par an, les ailes du mâle ont un reflet métallique, ses petits sont tachetés, avec une raie sur l'œil. Le mâle et la femelle diffèrent profondément, cette dernière n'ayant jamais de blanc, mais du brun-roux.
Chloephaga picta

Bernache des Andes (84) habite dans les Andes du Pérou, Bolivie et Chili, montant jusqu'à la limite des neiges, au-dessus de 3.000 m, où elle niche dans les anfractuosités. Se tient surtout sur terrain sec, mais mène ses petits à l'eau. Contrairement à la précédente, les Bernaches des Andes mâle et femelle sont de la même couleur.
Chloephaga melanoptera

84

85

Cygne coscoroba (85) un autre type intermédiaire sud-américain, à la fois parent des cygnes et des canards arboricoles. Rappelle le Cygne par sa taille et son plumage blanc, le Canard arboricole par la forme du corps et le maintien, le profil de la tête au bec plat et la même implantation des pattes. Enfin la parenté est confirmée par la livrée des petits, tachetés des mêmes dessins. Fait entendre une voix aiguë, en 4 syllabes, sonnant comme une trompette d'enfant. Vit au Sud du Chili et de l'Argentine jusqu'en Terre de Feu et les îles Falkland.
Coscoroba coscoroba

Dendrocygne veuf (86) forme, avec 7 autres espèces, un groupe intéressant des Anatidés aux longues pattes et marchant tête haute des zones tropicales de l'Ancien et du Nouveau Monde, avec un mélange de caractères de Canards, Oies et Cygnes, mais c'est des Oies que ce Dendrocygne se rapproche le plus. Fait unique dans le monde avien, ces espèces ne produisent pas de sous-espèces géographiques, quoique certaines soient isolées en Amérique du Nord et du Sud, en même temps qu'en Afrique. Les deux sexes ne se différencient pas quant à la livrée, les deux parents couvent et élèvent les petits, ce qui, chez les lamellirostres, ne se rencontre que chez le Cygne noir. Les liens conjugaux durent toute la vie. Ce sont des oiseaux surtout nocturnes, à la voix sifflante agréable. Habitent le continent américain depuis l'Amérique centrale jusqu'au nord de l'Argentine, et en Afrique du sud du Sahara au sud de l'Angola et au Transvaal.
Dendrocygna viduata

86

88

Dendrocygne à bec rouge (87) habite uniquement l'Amérique, du Texas au nord de l'Argentine.
Dendrocygna autumnalis
Niche, comme les autres Canards arboricoles, dans les trous d'arbres de préférence.

Tadorne de Belon (88), l'une des 7 espèces de Casarcas, autre variante d'intermédiaire entre les Oies et les Canards. Corps allongé, pattes courtes, éclat métallique des plumes des ailes, sont des caractères du canard. Certaines attitudes, le peu de différence dans la coloration du mâle et de la femelle, la collaboration du mâle dans la nidification et l'élevage des petits sont des caractères de l'oie. Cette espèce est un oiseau fréquent en Australie du Sud et en Tasmanie. Niche habituellement dans les trous d'arbres, souvent même loin de l'eau.
Tadorna tadornoides

Tadorne casarca ou **Casarca roux** (89), l'une des nombreuses espèces de toute l'Asie centrale, allant jusqu'aux Balkans et au delta du Nil. Des populations isolées nichent à l'extrême sud de l'Espagne et en Afrique du Nord. C'est une espèce qui s'adapte bien, peuple non seulement les hauts plateaux d'Asie mais niche souvent aussi à proximité des endroits habités par l'homme. Habite les régions non boisées proches des lacs salés ou d'eau douce.
Casarca ferruginea

89

Chapitre 9 UNE RICHE FAMILLE : LES CANARDS

Principales directions des migrations en Europe et en Asie

Dans les milieux aquatiques les plus divers, bord de mer, lac d'eau douce ou salée, étang, marais, cours d'eau, de plaine ou de montagne, dans toutes les parties du monde y compris les îlots dispersés dans le Pacifique et l'Atlantique, vivent 103 espèces de canards. Leurs divers modes de vie et de milieu ont fait apparaître sept groupes morphologiques parmi lesquels on trouve des espèces cosmopolites aussi bien que des espèces de répartition peu étendue (esp. endémiques). Les espèces vivant dans l'Arctique migrent souvent à des milliers de km. Des baguages ont montré que des oiseaux migrent de Sibérie orientale jusqu'en Europe centrale, voire jusqu'en Afrique.

A la différence des Oies et des espèces plus étroitement apparentées aux Oies, les Canards sont plus tributaires de l'eau. Corps plus allongé, mieux adapté à la plongée, grandes palmures plates plus en arrière du corps, ce qui les fait se dandiner en marchant sur terre ferme. Préfèrent presque exclusivement la nourriture animale, qu'ils pêchent par aspiration dans l'eau et filtrage dans leur bec plat avec des lamelles latérales. Chez la moitié des espèces environ le mâle est beaucoup plus coloré que la femelle, brunâtre, mais chez beaucoup d'espèces, surtout dans l'hémisphère sud, il y a peu de différenciation dans le plumage. Tous les groupes ne sont pas pourvus du « miroir » de couleur, non plus que du reflet métallique des ailes. Un trait caractéristique des Canards, c'est qu'ils muent deux fois l'an, une mue complète y compris le duvet à la fin de la saison des nids et une partielle à l'automne, avec le seul changement des plumes de contour. Seule la femelle couve et soigne les petits. On a constaté par baguage, et aussi dans l'élevage, qu'un canard peut vivre plusieurs années avec sa cane et non uniquement au printemps, comme on le croit.

Canard Colvert (90, 91, 92) habite presque tout l'hémisphère nord. Commence à nicher le premier de tous les canards, souvent dès mars. Pas exigeant pour l'emplace-
Anas platyrhynchos

90

91

92

ment du nid, soit dans les végétations du bord de l'eau, soit en plein champ ou en forêt, parfois dans des troncs pourris. S'est bien adapté à la vie dans les parcs et jardins des villes. Pond de 7 à 12 œufs jaunâtres ou verdâtres. Après la période de nidification les Canards colverts se rassemblent, très nombreux, sur les grands plans d'eau et ce n'est qu'aux gelées qu'ils s'envolent plus au Sud. Migration jusqu'en Afrique tropicale orientale et dans le Sud de l'Asie. Une chasse intensive et la réduction de ses aires de nidification sont cause d'une constante réduction du nombre de Colverts en Europe.

Sarcelle élégante (93), le plus petit canard habitant la Sibérie orientale du Ienisseï au Kamtchatka, et au sud jusqu'au Baïkal. Espèce courante dans son pays, apparaît en hiver en vols de plusieurs dizaines de milliers au Japon et au sud de la Chine. Rare en Europe, quoique d'autres espèces sibériennes y hivernent assez souvent. Le mâle a de magnifiques dessins faits de taches vertes et jaunes bordées de blanc sur les deux côtés de la tête.
Anas formosa

93

Souchet (94, 95) se distingue par son grand bec en spatule, instrument parfait pour filtrer l'eau
Anas clypeata

boueuse et en retenir surtout le plancton. Habite tout l'hémisphère nord mais n'est nulle part aussi nombreux que certaines autres espèces de grande dispersion. Plus exigeant dans le choix d'un milieu favorable, d'habitude étangs et marais, mais il niche sur terrain sec, dans les prés voisins de l'eau. Pond de 9 à 12 œufs lisses, allongés, couleur crème ou vert-gris clair, de mi-avril à mai. Les œufs du Souchet et des autres canards de la famille *Anas* sont petits par rapport au corps, avec un gros et un petit bout, à la différence des œufs de canards plongeurs, plus grands et plus ronds. Mais comme tous les canards, la femelle recouvre sa couvée de duvet qui lui tient chaud durant des heures, quand elle quitte le nid — et alors elle prend soin de bien la cacher. Part dès le début de l'automne vers les aires d'hivernage en Méditerranée, en Afrique dans le bassin du Nil jusqu'à la zone équatoriale, en Asie du Sud, et en Amérique jusqu'aux Caraïbes. De nombreux Souchets migrent dans les régions chaudes de l'Atlantique, en Angleterre, Hollande et Danemark, où il ne vient pas seulement des oiseaux de Sibérie occidentale, mais en direction du nord-est aussi des oiseaux d'Europe centrale, comme l'ont montré des baguages faits en Allemagne et en Tchécoslovaquie. Les jeunes se dispersent parfois à de très grandes distances de leur aire de naissance. Le baguage en a fait retrouver nichant au-delà de l'Oural.

94

Canard chipeau (96), espèce préférant la chaleur, moins nombreuse, vivant dans la zone tempérée en Europe, Asie et Amérique du Nord, récemment nichant le plus au Nord en Islande. Dimorphisme sexuel peu marqué, de près on remarque chez le mâle des couvertures alaires marron et de fines ondes grises sur les flancs. Seul canard de la famille *Anas* à n'avoir pas de plumes aux reflets métalliques autour du miroir blanc. Migrateur, son hivernage principal se trouve en Méditerranée, dans le bassin du Nil, en Asie méridionale, et en Amérique autour du golfe du Mexique.
Anas strepera

Canard siffleur du Brésil (97), à tête noire aux reflets verts métalliques, des rayures en blanc et noir sur la livrée et la poitrine, flancs roux. Comme chez plusieurs autres canards de la famille *Anas* habitant l'hémisphère sud, il n'y a guère de dimorphisme sexuel. La femelle est seulement un peu plus petite et plus mince, avec des plumes de couverture plus courtes et moins marquées. Vit en Amérique du Sud de l'Argentine et du Chili central jusqu'à la
Anas sibilatrix

96

97

Terre de Feu et les îles Falkland. On remarque surtout sa voix, d'où lui vient son nom, un sifflement en trois syllabes, la dernière plus forte et prolongée. En général la femelle répond au mâle, et l'appel se termine en duo bien accordé. L'espèce sud-américaine est estivale et passe l'hiver dans le sud du Brésil, plus chaud. L'espèce eurasienne, *Anas penelope*, migre souvent très loin, de la Sibérie centrale jusqu'en Europe centrale et occidentale.

Les canards sont répartis en deux groupes écologiques : les canards de surface et les canards plongeurs. Les canards de surface, représentés surtout par la famille *Anas*, évoluent aussi bien dans l'eau que sur terre, leurs pattes ne sont que légèrement reportées à l'arrière du corps. Quand ils nagent, le centre de gravité étant à l'avant du corps, la queue pointe hors de l'eau. Pour chercher leur nourriture, ils n'enfoncent que la tête sous l'eau, et la partie avant du corps, tout en maintenant l'équilibre avec les pattes. Ils prennent facilement leur envol, de l'eau ou du sol, quoique de biais. Les canards plongeurs, eux, sont adaptés surtout à la vie sur l'eau. Les pattes, garnies de grandes palmures, sont portées plus à l'arrière, et ils marchent avec difficulté sur le sol. Mais dans l'eau, ils sont dans leur élément. Ils plongent volontiers, couramment de 1 à 3 m, capturent leur nourriture en 30 secondes mais en cas de nécessité peuvent rester une ou deux minutes sous l'eau. Pour s'envoler de la surface, souvent ils prennent leur élan en courant un peu sur l'eau. Nichent dans la végétation, sur l'eau, ou sur de petits îlots.

Fuligule milouin (98), *Aythya ferina* typique représentant des canards plongeurs, espèce courante dans toute l'Europe centrale et septentrionale, et dans l'Asie centrale jusqu'au Baïkal. S'est tellement répandu par endroits, par ex. en Europe centrale, qu'il est le canard le plus abondant. Niche plus tard que le Colvert, de mi-avril à juin. Pond de 6 à 12 œufs très gros, allant du gris-vert au vert-brun. La grosseur de l'œuf par rapport au corps, sa forme ovale avec les deux bouts également arrondis, sa teinte plus foncée, est la caractéristique non seulement de cette espèce mais de tous les canards plongeurs. Très souvent les canes pondent dans le nid d'autres espèces ou plusieurs canes pondent dans le même nid. Pendant que les femelles couvent, les mâles se réunissent et passent le temps uniquement entre eux. Hiverne surtout dans les régions atlantiques de l'Europe occidentale, en Méditerranée et en Asie du sud, nombreux sont ceux, surtout des mâles, qui s'habituent à passer l'hiver sur les grands fleuves dans les villes.

98

99

Fuligule morillon (99, 100), espèce nordique paléarctique, son territoire s'étend des Iles Britanniques et l'Islande, à travers toute l'Asie jusqu'au Kamtchatka et à Sakhaline. Au début de ce siècle a commencé à se répandre peu à peu en Europe centrale et occidentale, dans les années suivant la guerre a une expansion presque explosive pour devenir l'espèce prédominante dans beaucoup de régions lacustres. Aime à nicher en compagnie, souvent sur de petites îles ou dans la végétation parmi des colonies de mouettes. Commence à nicher très tard, souvent de fin mai à juin, quand la végétation est haute. Pond de 8 à 14 œufs allongés, vert-gris. Il lui arrive de pondre dans le nid d'une autre femelle, une Fuligule est fort capable de couver une vingtaine d'œufs, on a vu une famille comptant autant d'oisons. L'automne venu, ils restent nombreux sur les aires de nidification jusqu'aux gelées, puis certains se déplacent jusqu'à des cours d'eau ou lacs non gelés, souvent en compagnie de Milouins, de Colverts et de Foulques. On a cependant constaté par baguage que la plupart des Morillons sont migrateurs. Ils sont surtout attirés par l'Europe occidentale, surtout les Iles Britanniques où ils viennent hiverner non seulement d'Europe orientale et de Sibérie occidentale, mais même du bassin de l'Obi, et aussi de nombreux oiseaux d'Europe centrale s'y dirigent. Le lieu d'hivernage le plus méridional est la Méditerranée, les populations orientales migrent jusqu'au golfe Persique, l'Inde, la Chine, le Japon et les Philippines.

Aythya fuligula

Canard de la famille *Anas* **faisant « le beau » et mouvement de canards de la famille** *Aythya* **sous l'eau**

100

Nette rousse ou **Brante roussâtre** (101, 102), l'un des canards aux plus belles couleurs, assez rare sur toute son aire d'expansion. Aimant la chaleur, il niche sur des îlots en Europe méridionale, centrale et orientale, au Nord ne dépasse pas la Hollande et le Danemark, mais habite les régions transcaspiennes jusqu'à la Mongolie. Une fois installé en un endroit il y reste fidèle, mais son nombre moyen reste stationnaire depuis des années, car d'une saison à l'autre le nombre de couvées réussies va décroissant. Ceci est dû au fait qu'il y a plus de canards que de canes, et le surplus de canards sollicitant sans cesse les femelles n'est pas favorable à la formation de couples. Une autre cause de perte est due à ce que les canes pondent souvent dans le nid d'une autre, où il y a déjà des œufs en voie d'incubation, et quand ils éclosent, les derniers pondus restent à l'abandon. Certaines canes commencent à pondre en avril, d'autres en juin, une aire de nidification favorable, petit îlot bien sec surtout, hâte souvent le début de la saison des nids. La ponte est en général de 6 à 14 œufs d'un brillant mat, couleur ocre clair ou gris jaunâtre. On reconnaît aisément les canetons à leur teinte beige uniforme. A l'automne, migre de ses aires de nidification d'Europe vers la Méditerranée. Regroupement nombreux sur le lac de Constance et dans l'embouchure du Rhône.

Netta rufina

101

102

103

Garrot à œil d'or (103), espèce nordique de la taïga d'Eurasie et d'Amérique du Nord. Des aires de nidification isolées, plus au sud, se trouvent sur les lacs du Mecklembourg et de Poméranie, une petite population d'une vingtaine niche plus au sud en Bohême du Sud. Parade nuptiale étrange et spectaculaire: plusieurs mâles paradent autour d'une femelle, le cou tendu au ras de l'eau, puis se redressent, rejetant brusquement la tête en arrière à se toucher le dos, en éclaboussant tout autour à rapides coups de pattes. Niche dans les trous d'arbres, jusqu'à 10 ou 20 m de haut, accepte aussi le nichoir. Les canetons savent très bien, grâce à leurs griffes, sortir de trous profonds d'un mètre, puis ils sautent au sol, où les appelle leur mère.
Bucephala clangula

Harelde de Miquelon (104) a une aire de distribution circumpolaire arctique. Remarquable par les longues plumes de sa queue, surtout chez le mâle. Oiseau sociable, qui apparaît en grand nombre, l'hiver, sur les côtes sud de l'Europe du Nord et d'Amérique, exceptionnel à l'intérieur des terres. Se nourrit exclusivement de petits animaux aquatiques, qu'il va pêcher jusqu'à 10 m de profondeur en restant une minute sous l'eau.
Clangula hyemalis

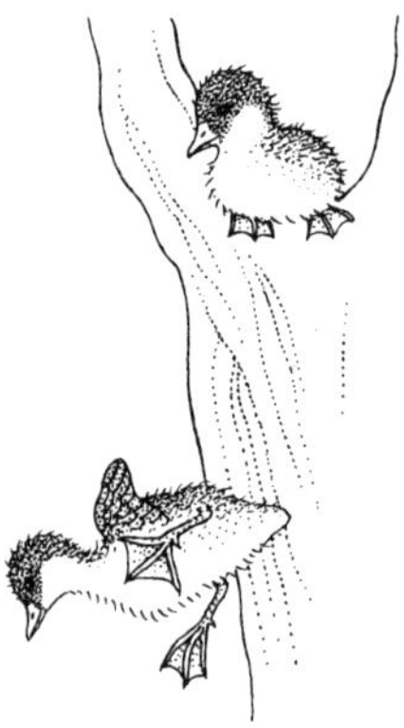

Jeune Garrot à œil d'or sautant hors du nid

104

105

106

Harle bièvre (105) forme, avec six autres espèces, un groupe de canards pêcheurs de poisson.
Mergus merganser
Tous les Harles sont donc d'excellents plongeurs. Corps allongé, fuselé, pattes fortes et bec adapté, long et fin muni sur les côtés de « dents » cornées avec un onglet recourbé au bout. Le Harle pêche surtout de petits poissons en plongeant à plusieurs mètres de profondeur. Peut rester 2 minutes sous l'eau. Très répandu dans toute la zone arctique, mais niche également à des latitudes plus au sud, sporadiquement, surtout dans les montagnes d'Asie. En Europe, quelques populations isolées dans les Alpes. Niche dans des trous d'arbres et autres, parfois loin de l'eau. Tant que les canetons sont petits, la mère les porte sur son dos, à cheval, à l'encontre du Plongeon qui est porté par ses parents, bien caché sous l'aile. Hiverne dans des régions plus méridionales, en Europe en Méditerranée et en mer Noire, en Amérique sur le golfe du Mexique. Les Harles se tiennent en groupes séparés des autres canards, et reviennent annuellement aux mêmes endroits.

Macreuse brune (106) forme, avec deux autres espèces, une famille de canards nordiques qui
Melanitta fusca
restent sur l'eau en dehors de la saison des nids. Oiseau trapu, de couleur sombre, au large bec renflé à la racine. Se nourrit presque exclusivement de coquillages et de crustacés qu'il capture à des profondeurs de 15 à 20 m. Aucun autre lamellirostre ne va si profond. Plonge en s'aidant de ses ailes. La Macreuse brune niche dans les régions froides de l'Europe et en Asie occidentale, hiverne sur les côtes méridionales des mers Baltique et du Nord, puis au long de l'Atlantique jusqu'au golfe de Gascogne. Apparaît plus rarement à l'intérieur des terres, le plus souvent une femelle ou de jeunes oiseaux qui migrent plus au sud que les mâles, qui ne quittent le bord de mer que si l'hiver est trop rude.

107

Erismature rousse (107) représente le dernier groupe de canards aimant la chaleur, vivant
Oxyura jamaicensis

à l'intérieur des pays de l'Amérique du Nord, dans les régions lacustres à la végétation riche. Avant l'hiver, elle effectue sa migration vers le sud et hiverne sur les rivières jusqu'au golfe du Mexique. Reconnaissable à sa longue queue pointue et rigide qu'elle pointe hors de l'eau en nageant. La pariade de ce canard est très intéressante. Le mâle tourne sans cesse devant la femelle, sa queue pointant obliquement, de façon à lui présenter ses brillantes plumes sous-caudales blanches. Ce faisant, il donne des coups de bec dans les sacs aériens qui se trouvent sous les plumes, et l'oiseau produit ainsi des bulles. Ce canard ressemble à l'Érismature à tête blanche *(Oxyura leucocephala)*, de couleur moins remarquable et vivant dans l'ouest du bassin méditerranéen. Cette dernière espèce hiverne en Afrique du Nord et aux Indes.

Chapitre 10 CHASSEURS ET FOSSOYEURS

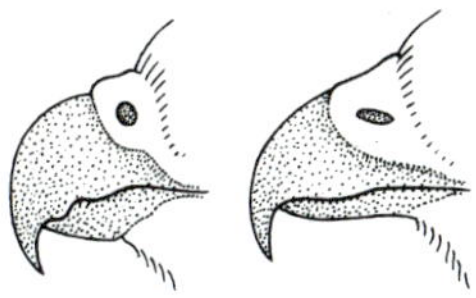

Différence de forme du bec du Faucon et de l'Aigle

A bon droit parfois, mais le plus souvent non, l'homme attribue certaines de ses qualités aux oiseaux de proie, et il a tort de le faire pour la cruauté, la brutalité et l'esprit de vengeance. Le rapace a pour mission, et il est adapté à cela, de chasser en éliminant les individus les plus faibles, non viables ou infirmes. La condition première d'une bonne chasse est le courage, la combativité, la rapidité et l'adresse. Pourtant tous les rapaces ne sont pas chasseurs, certains jouent le rôle d'éliminer les cadavres d'autres animaux. Au point de vue morphologique, les rapaces forment un groupe assez monolithe : ils ont tous un bec crochu, relativement court, aux bords tranchants, de fortes pattes armées de serres. L'ordre des *Falconiformes* compte 291 espèces, presque toutes de bons voiliers. Certains ont un vol lent, de longue durée, ceux qui chassent au sol ou se nourrisent de charogne. D'autres ont un vol rapide, ceux qui surprennent leur victime au vol en changeant brusquement de direction. Il y a aussi des spécialistes qui plongent dans l'eau sur leur proie, ceux qui engloutissent insectes, serpents, grenouilles, mollusques et vers, il y a même des frugivores. Ce ne sont là qu'exceptions qui confirment la règle, que la plupart des rapaces se nourrissent de vertébrés vivants. Les résidus indigestes comme plumes et poils sont rejetés par le bec, au bout de 16 à 18 heures, sous formes de pelotes de réjection, qui, contrairement à celles des hiboux, contiennent très peu d'os. Les rapaces Falconiformes sont diurnes, ils s'orientent par leur vue très perçante. Bâtissent leur nid sur les arbres, rochers, à terre, dans des trous. Ce sont des nidicoles, et les soins aux petits durent longtemps. Nombreuses sont les espèces rares et menacées, c'est pourquoi elles sont actuellement protégées.

Vautour royal (108) du groupe des Condors américains, rappelant par son aspect le Vautour
Sarcorhamphus papa de l'Ancien Monde, est le plus coloré. Vit dans la forêt et la pampa de l'Amérique centrale au Sud du Brésil. Niche sur les arbres. Se nourrit de charognes qu'il découvre dans la forêt primaire grâce à son flair, ce qui est rare chez les oiseaux. Habitant des plaines.

109

Condor des Andes (109), le plus grand de tous les oiseaux de proie (envergure 3 m, poid 11 kg)
Vultur gryphus

mais qu'il ait enlevé des enfants ou des adultes, c'est du domaine de la légende. Habite la haute montagne en Amérique du Sud, où il atteint des altitudes inaccessibles aux autres oiseaux. Se nourrit de charognes, rarement de proies vivantes. Son territoire de chasse ne se limite pas à la montagne, il lui arrive fréquemment de descendre jusqu'au bord de mer où il trouve quantité de charognes, poissons, mammifères et oiseaux. On le voit parfois dans les colonies d'oiseaux marins, où il vole les œufs ou les oisillons. En montagne, ses proies sont surtout des cadavres de mammifères. Niche dans les rochers. Elève au maximum deux petits.

Vautour noir (110) vit en communauté en Amérique du Sud, mais atteint les U.S.A. au Nord.
Coragyps atratus

Dans des conditions favorables, il y a aussi des milliers rassemblés qui

110

111

nettoient les charognes et divers autres détritus, c'est pourquoi il a peu d'ennemis parmi les hommes. Niche au sol, dans les arbres et rochers. Les deux partenaires couvent et soignent leurs 2 à 3 petits. Vol bas, à la recherche de nourriture qu'il découvre à la vue et à l'odorat.

Bondrée apivore (111) *Pernis apivorus* s'alimente d'une façon particulière, pour un Rapace, car ce qu'elle préfère, ce sont les larves d'hyménoptères. On la voit souvent au sol, à la recherche de nids de guêpes ou de bourdons, qu'elle déterre grâce à ses pattes robustes aux doigts courts et à son bec. Mange aussi d'autres insectes, de petits vertébrés, des fruits. Etant un gros oiseau qui mange de petites proies, elle a besoin d'un territoire de chasse étendu, un cercle de 3,5 km de diamètre autour de son nid caché dans un arbre, et où elle élève 2 ou 3 jeunes. Orne souvent les bords du nid de branchettes vertes. Eclosion au bout de 30 à 40 jours. Les petits volètent à proximité pendant 6 semaines, mais regagnent le nid la nuit venue. Les parents ne se partagent pas la tâche de la couvaison, comme chez les autres Rapaces. Des petites plumes rigides, qui couvrent même la partie entre la racine du bec et les yeux, la protègent contre les piqûres. Habite l'Europe et le Nord de l'Asie; migratrice; hiverne en Afrique et Asie méridionale. Revient nicher en Europe en août—septembre.

Milan noir (112), *Milvus migrans* à queue moins fourchue que les autres, de répartition géographique très étendue, de l'Europe occidentale au Japon, du sud de la Scandinavie et de la Sibérie à la Malaisie et l'Australie. A la différence de la plupart des *Accipitridae*, il n'est pas très bon chasseur. Avale toutes les charognes, de petits vertébrés et des insectes. Amasse souvent des détritus dans son nid : vieux papiers, chiffons, peaux, caoutchouc.

112

Aire de répartition du Condor des Andes

Serpentaire ou **Secrétaire** (113) se différencie des autres rapaces par sa structure et son mode
Sagittarius serpentarius de vie, il est donc rangé dans une famille à part, celle des Sagittariidés. On remarque surtout ses pattes de coureur aux doigts courts, qui rappellent celles de l'Outarde. C'est vraiment un bon coureur, qui utilise ses ailes en cas de nécessité. Dans la savane africaine au sud du Sahara il chasse de petits vertébrés et aime les serpents, qu'il serre dans ses doigts et décortique à coups de bec. Niche sur les arbres et dans les broussailles.

Autour des Palombes (114), autrefois abondant dans les forêts européennes, l'est sans doute
Accipiter gentilis encore en Asie, en Amérique du Nord et dans les régions Ouest de l'Afrique du Nord, mais s'éteint rapidement en Europe. Niche sur de hauts arbres, emploie souvent de vieux nids d'autres rapaces. Le mâle participe à la couvaison, mais moins que la femelle. 3 à 4 œufs. La femelle soigne les petits et le mâle apporte la nourriture. Ne niche qu'à l'âge de 3 ans, quand il a le ventre rayé de biais. Il est rare de voir nicher un oiseau tacheté longitudinalement — comme on le voit sur la photographie.

Epervier d'Europe (115), plus petit que l'Autour, vivant en Eurasie et en Afrique. Le mâle
Accipiter nisus apporte la nourriture à la femelle qui reste sur le nid, mais il la laisse en dehors, la femelle la déchiquète, puis la donne elle-même aux petits. Les proies sont surtout de petits oiseaux. En diminution.

113

114

115

Autour des palombes
à l'attaque

Aigle pomarin (116), espèce courante d'aigles de taille moyenne, d'Europe centrale et orientale,
Aquila pomarina

d'Asie Mineure et du Sud. Comme la plupart des rapaces, au printemps le mâle exécute de superbes vols nuptiaux, véritables acrobaties aériennes. Cet aigle migrateur revient durant des années à son nid. La femelle ne pond que 2 œufs, pourtant en général le couple n'élève qu'un seul petit. Le plus jeune des deux oisillons périt en bas âge car l'autre, plus fort, emporte plus de nourriture. Cet aiglon plus chanceux reste 8 semaines au nid avant de prendre son essor, et il n'est indépendant qu'au bout d'un mois encore.

Aigle impérial (117) est un peu plus petit que l'Aigle royal. Affectionne les plaines entrecoupées
Aquila heliaca

de bois. Niche dans la péninsule Ibérique, au Sud-Est de l'Europe, d'où il atteint le Nord-Est de l'Inde et la Mongolie. Sur de hauts arbres, son nid est un tas de branches entouré de branchages verts. Pond 2 œufs. Chasse des mammifères de taille moyenne et des oiseaux, ne dédaigne pas les serpents. Mange relativement peu, pas plus que l'Autour, de taille plus petite que lui.

Aigle royal ou **Aigle doré** (118), chasseur plus vaillant que l'Aigle impérial, au bec plus puissant
Aquila chrysaëtos

et aux serres plus longues (la photographie montre un jeune). En Europe, nichait autrefois à basse altitude, dans les rochers et les arbres, mais il a toujours été pourchassé, il a donc disparu de beaucoup de régions ou a été repoussé dans la haute montagne. Rapace puissant de près de 2 m d'envergure. Pour chasser, il plane assez bas et surprend sa proie par une brusque attaque. Pique parfois de très haut, enfonce ses serres dans l'échine et la tête de sa proie qu'il déchiquète à coups de bec, tout en battant des ailes. Ne pond qu'un ou deux œufs, l'élevage est lent, les petits restent 3 mois au nid avant de pouvoir voler. En général un seul est mené à bien. N'étant mature qu'à 5 ans, l'accroissement de la population ne peut pas compenser les pertes causées par l'homme. C'est pourquoi les grandes espèces d'aigles sont en régression rapide. L'Aigle royal habite une grande partie de l'Europe, d'Asie et de l'Amérique du Nord, il niche encore dans les montagnes de l'Amérique du Nord.

117

118

119

120

Buse pattue (119) se distingue en vol de la Buse variable par la racine blanche de sa queue, de
Buteo lagopus
près par ses tarses emplumés. Habitant typique des toundras de l'Ancien et du Nouveau Monde, sa population dépend de la quantité de rongeurs disponibles, surtout du lemming, sa principale nourriture. Quand ces derniers se multiplient, la Buse en fait autant. En hiver, quand elle ne trouve pas assez à manger sous la neige, toute sa population migre vers le Sud. En cas d'insuffisance de mulots et de rats, peut causer des dégâts dans le gibier.

Buse variable (120), un peu plus petite que la Buse pattue, rapace courant dans les bois. Chasse,
Buteo buteo
en terrain ouvert, les petits rongeurs nuisibles ou autres vertébrés. Très utile dans l'agriculture. Nid juché sur un arbre, où apparaissent en avril 2 à 6 œufs tachetés rouge-brun, d'où éclosent au bout de 28 à 31 jours des oisillons couverts de duvet blanc que les parents nourrissent au nid durant 6 à 7 semaines. Niche en zone tempérée d'Eurasie.

Pyrargue à tête blanche ou **Aigle chauve** (121), parent d'Amérique de l'Aigle de mer ou
Haliaëtus leucocephalus
Pyrargue à queue blanche. Niche à proximité des grands lacs ou de la mer, pêche poissons et oiseaux aquatiques. Son sort est peu enviable : son nombre d'abord réduit par des chasses inconsidérées, maintenant il souffre du manque de rongeurs ou d'insectes pour se nourrir, suite aux emplois inconsidérés également de pesticides et autres poisons, qui parviennent jusque dans leurs œufs qui avortent.

Vautour moine (122), grand charognard de 2,5 m d'envergure. Niche sur les arbres ou les rochers
Aegypius monachus
de montagnes crevassées. En Europe, niche rarement dans les Pyrénées et les Balkans, en Crimée d'où il atteint les montagnes de l'Afrique du Nord-Ouest et une grande partie de l'Asie. Elève un seul jeune qui est nourri au nid durant 3,5 mois.

121

122

123

124

125

Griffon africain à dos blanc (123) est encore nombreux à monter la garde sur les savanes africaines. De sa vue perçante, il observe ses collègues planant au loin en grands cercles, et dès que l'un d'eux pique sur une charogne, aussitôt les autres arrivent. Bientôt il ne reste que des ossements sanglants, et le cadavre puant disparaît, avec l'aide des hyènes et des chacals.
Pseudogyps africanus

Gypaète barbu (124) se reconnaît au vol à sa longue queue cunéiforme et ses longues ailes effilées et pointues. Sous le menton, il a une touffe de barbe noire en saillie. Se nourrit également de charognes, mais il aime surtout la moelle des os. Il peut avaler de très grosses bouchées, mais il doit parfois briser les os pour les manger. Il les emporte à grande hauteur et les laisse choir sur un rocher. C'est ainsi qu'il brise les carapaces de tortues. Habite la montagne. En Europe, les derniers exemplaires se trouvent dans les Balkans et dans les Pyrénées. En Afrique orientale et en Asie centrale il en reste des îlots. Niche dans les rochers. Couve de 55 à 58 jours ses 2 œufs, mais n'élève qu'un seul jeune que les parents nourrissent durant 3 mois entiers.
Gypaëtus barbatus

Aigle bateleur (125) d'une autre sous-famille que les vautours. Ailes étroites et longues, queue très courte qui lui donne un profil spécial au vol quand il fait ses acrobaties par-dessus la savane sud-africaine. Niche sur les arbres ou sur des termitières. Se nourrit de petits vertébrés et de charognes.
Terathopius ecaudatus

126

Pyrargue à queue blanche ou **Aigle de mer** (126), proche parente de la Pyrargue à tête blanche
Haliaëtus albicilla

d'Amérique. L'une comme l'autre ont le tarse nu. Biotope près des grandes étendues d'eau, lacs, fleuves et mers, où se trouvent assez d'oiseaux aquatiques et de poisson, leur principale nourriture. Chassent de temps à autre un mammifère, et en cas de disette ne dédaignent pas une charogne. Rapace grand et fort, envergure 2,5 m, mais pas très vaillant à la chasse, et pas très adroit non plus. Installe un nid énorme dans les plaines boisées, sur de vieux arbres ou sur des rochers au bord de mer, à terre dans la toundra. La coupe du nid est insignifiante par rapport à l'ensemble. Comme d'autres grands rapaces, cette Pyrargue possède plusieurs nids dans son aire de nidification, et elle alterne d'une année à l'autre. Ces constructions, refaites de temps en temps, durent des années et deviennent très grandes. Pond 2 ou 3 œufs blancs dès février — début mars, les parents couvent tour à tour, mais surtout la femelle. Eclosion au bout de 35 à 40 jours. Les petits quittent le nid après 10 semaines. Bientôt ils voleront bien loin de leur lieu de naissance. Ils mèneront cette vie erratique jusqu'à leur maturité, soit l'âge de 4 ou 5 ans. En Europe, il ne s'est maintenu qu'en Ecosse. Ailleurs niche très rarement de l'Elbe à toute la région paléarctique. Protégé dans la plupart des pays. Ce n'est que grâce à des mesures de protection très sévères que l'on peut encore voir la silhouette de ce grand rapace à la queue cunéiforme se dessiner sur le bleu du ciel.

Harpie sud-américaine (127). On a beaucoup écrit sur la cruauté sanguinaire de ce puissant rapace des forêts d'Amérique centrale et du Sud. Par rapport à sa taille, c'est le rapace aux plus solides pattes, doigts et serres; dans les arbres, il assaille les singes et les aïs, qui ne sont pas de petites bêtes, et qui s'accrochent très bien aux branches. Il faut être d'une grande force pour les arracher de là. Les mammifères terrestres et animaux domestiques ne sont pas eux non plus en sécurité devant les harpies, et à leur vue les singes sont pris de panique. Habite de préférence les bassins fluviaux et niche sur les arbres, dans d'énormes constructions.

Harpia harpyia

Busard montagu ou **Busard cendré** (128), l'une des 17 espèces du genre *Circinae*, rapace de stature élancée, à longues pattes et longue queue, vivant en terrain ouvert. Tous les Busards ont les yeux entourés d'une voilette de plumes, comme les hiboux. Chasse en volant bas sur les prés et les champs. Habite une grande partie des régions paléarctiques d'Europe à la Sibérie occidentale, mais pas dans le grand Nord. Au printemps, font valoir leur virtuosité d'acrobates aux cours des pariades. Nid simple de branchettes et fétus divers, au sol, dans les herbages. Ponte : 3 à 5 œufs blancs tachetés de brun clair. La femelle couve puis garde les petits, et le mâle apporte la nourriture au nid. Leurs serres assez faibles ne leur permettent pas de capturer de grosses proies. Ils se contentent de petits rongeurs, grenouilles, lézards et oiseaux. Territoire de chasse de 4 km carrés autour du nid. Oiseau migrateur. Hiverne en Asie du Sud et en Afrique. Dimorphisme sexuel marqué dans la coloration, et qui apparaît aussi chez les autres Busards. Mâle gris clair avec le bout des ailes noir et une bande noire traversant l'aile, femelle brune dessus, et dessous jaunâtre tacheté en lignes. Les petits sont couleur pelure d'oignon.

Circus pygargus

127

128

Busard Harpaye ou **Busard des roseaux** (129) ne se montre qu'auprès de l'eau, à la saison des nids : étangs, lacs et marais. Il y chasse à vol bas de petits mammifères, oiseaux et grenouilles ; installe son nid dans les oseraies et les jonchaies. C'est un amas de plantes aquatiques sèches et de branchettes souvent tout entouré d'eau. En mai on y voit 3 à 6 œufs. La femelle couve dès qu'elle a pondu le premier œuf, si bien qu'il y a une nette différence de taille entre les petits. Souvent le dernier-né va mal et meurt. La femelle quitte rarement le nid, le mâle lui apporte sa nourriture sur place, mais il arrive qu'elle vole un peu et la lui prenne encore en l'air. Les Busards quittent leur nid fin août et en septembre, et migrent vers le Sud. Nichent dans toute la région tempérée de l'Eurasie.

Circus aeruginosus

129

130

Faucon crécerelle (130) de la famille des Falconidés est le plus abondant rapace d'Europe, d'Asie
Falco tinnunculus

et d'Afrique du Nord. Chasse sur les vastes espaces, guette sa proie, souvent petite, de très haut en vol plané sur place, puis pique brusquement et remonte avec un mulot ou autre petite bête et s'installe sur un arbre ou regagne son nid en forêt ou sur un rocher. La femelle pond de 5 à 6 œufs d'avril à mai. Toute la durée de la couvaison le mâle la nourrit, comme le font la plupart des rapaces. On le rencontre aussi en montagne, où il niche sur les roches et se nourrit de rongeurs. Les Faucons nordiques sont migrateurs, les méridionaux sont sédentaires.

Balbuzard pêcheur (131) forme à lui seul la famille des Pandioninés, sa structure le différenciant
Pandion haliaëtus

des autres rapaces. Spécialiste de la capture de poissons vivants, il a des pattes spécialement adaptées avec le doigt externe réversible et de petites aspérités à l'intérieur des doigts, ce qui empêche le poisson de glisser, pris entre deux doigts devant et deux doigts derrière. Vit à proximité de l'eau presque dans le monde entier et niche sur les arbres.

Caracara commun (132), rapace falconidé de l'Amérique du Sud, qui se déplace au sol avec aisance, sur ses hautes pattes. Nourriture diversifiée, allant des petits vertébrés aux charognes. Attaque en vol les oiseaux aquatiques pour les forcer à lui rendre leurs captures.
Polyborus plancus

Faucon hobereau (133), un voilier rapide et souple, véritable Falconidé. Attrape au vol de petits oiseaux et des insectes assez gros. Habite toute l'Europe, la zone tempérée d'Asie et l'Afrique du Nord. Migrateur, il hiverne au sud de l'Afrique et de l'Asie. Niche dans les arbres.
Falco subbuteo

Gerfault ou **Faucon gerfault** (134) (sur la photographie race groenlandaise blanche du Gerfault), noble et robuste Faucon, qui surpasse en force et en courage le Faucon pèlerin. Etait très apprécié pour la chasse, au Moyen Age. Habitant du grand Nord.
Falco rusticolus

131

Faucon à l'attaque

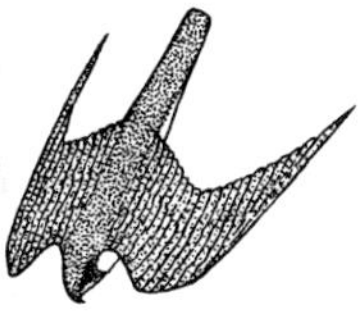

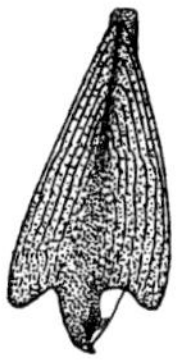

132
133
134

136

Faucon pèlerin (135). Au cours des 30 dernières années les Faucons ont connu une régression catastrophique dans le monde entier et surtout en Europe et en Amérique du Nord. La chasse et les bouleversements dans ses aires de nidification n'en sont pas la cause principale, qu'il faut chercher surtout dans l'emploi des pesticides en agriculture et en sylviculture. Ces produits anéantissent certes les insectes et rongeurs nuisibles, mais les oiseaux empoisonnés par ces insectes empoisonnent à leur tour les Faucons qui les mangent. Ils n'en meurent pas, mais le poison passe dans les œufs qu'il rend stériles. La relève n'est pas suffisante pour compenser les pertes.
Falco peregrinus

Faucon sacré (136) niche au Sud-Est de l'Europe, et de là jusqu'en Chine centrale. N'est pas encore menacé autant que le Pèlerin. Chasse adroitement oiseaux et mammifères.
Falco cherrug

Chapitre 11

TOUS LES GALLIFORMES SONT-ILS DES GRATTEURS ?

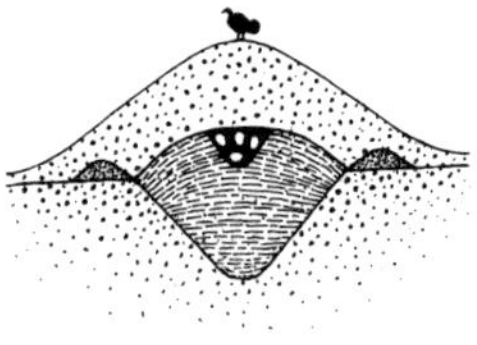

Nid incubateur du Mégapode de Lathan

Beaucoup de caractères des Galliformes sont bien connus, car de tous temps les hommes ont manifesté un grand intérêt envers cet ordre. Outre le dimorphisme sexuel marqué, la polygamie proverbiale du coq et la non moins proverbiale sollicitude de la mère-poule envers ses petits, on connaît bien leur façon de gratter le sol pour chercher leur nourriture. Ils ont des pattes bien adaptées à cet exercice, robustes, griffues, un bec court et fort, avec lequel les grandes espèces assomment en se jouant des grenouilles, serpents ou rats. Mais le fait bien connu en biologie qu'il n'y ait pas de règle sans exception se confirme chez les Galliformes. Ce n'est pas chez toutes les espèces que le coq a une livrée différente de celle de la femelle, non plus que la taille. Citons la perdrix ou la caille. De même la monogamie existe chez la Perdrix, la Caille et le Hocco. Chez certaines espèces le coq s'occupe des petits, la poule, chez d'autres, ne s'en soucie guère, et ils doivent s'occuper d'eux-mêmes dès leur âge le plus tendre (par ex. chez certains Mégapodes). En ce qui concerne le grattage du sol, il est commun à toutes les espèces qui vivent sur terre et y recherchent leur nourriture ; les espèces qui vivent dans les arbres et se nourrissent de fruits ne grattent pas. Parmi ces espèces non gratteuses citons le Hocco américain et l'Hoazin.

Hocco alector (137) *Crax alector* comme les 37 autres espèces américaines de Cracidés, se distingue des vrais Galliformes surtout par son mode de vie arboricole. Dans son nid placé dans les arbres, ne pond que 2 ou 3 œufs. Vit par couples, et par grandes bandes en dehors de la saison des nids. Dans sa patrie, à l'intérieur de l'Amérique du Sud, il est domestiqué.

137

138

Grand Hocco à bec de rasoir (138) se distingue par son haut bec rouge avec une crête sur la
Mitua mitu mandibule supérieure, ornement particulier à ce seul oiseau. Les deux sexes ont la même livrée. Vit dans les forêts tropicales de l'Amazone et de l'Orénoque.

Mégapode de.Lathan (139), représentant de la famille de Galliformes d'Australie et d'Océanie,
Alectura lathami unique oiseau à ne pas couver ses œufs. Il édifie un incubateur : durant quelques mois le mâle accumule des substances végétales, formant un tas de plusieurs mètres à la base et un mètre de hauteur. Il y creuse un cratère où la femelle pond ses œufs l'un après l'autre, à des jours d'intervalle, l'incubation est assurée par la chaleur que dégage la putréfaction des végétaux. Le mâle surveille la température, goûte les végétaux et en cas de besoin les aère ou rajoute des plantes en putréfaction.

139

140

Les petits éclosent après 6 à 9 semaines, capables de voler immédiatement. La plupart s'occupent d'eux-mêmes dès les premiers jours.

Lagopède des saules (140) de la famille des Tétranidés est un Tétras nordique. Habite les régions circumpolaires des toundras et des bois. Se couvre de plumes blanches en hiver, sauf la sous-espèce vivant en Angleterre. Monogames, mais l'hiver venu, ils rejoignent en grand nombre leur hivernage à quelques centaines de km plus au Sud, en dehors de la zone de nuit polaire. Creuse un tunnel dans la neige épaisse pour atteindre sa nourriture.
Lagopus lagopus

Lagopède des Alpes (141), encore plus nordique que le Lagopède des saules, niche dans les îles de l'Arctique. Il en reste dans les Alpes quelques populations isolées, vestiges de l'ère glaciaire, ainsi que dans les hautes cimes enneigées des Pyrénées, de l'Asie centrale et du Japon.
Lagopus mutus

141

142

Gélinotte des bois (142) habite la zone boréale de la Scandinavie, jusqu'à la mer d'Okhotsk et Sakhaline, ainsi que dans les montagnes des parties méridionales d'Europe. Aime la végétation mixte, les bois de bouleaux et hêtres, avec sous-bois d'airelles et myrtilles. C'est un heureux hasard de découvrir son nid, car la femelle au nid, immobile, couleur feuillage, est presque invisible ; elle pond 8 à 12 œufs jaunâtres tachetés de roux. Les petits volent au bout de quelques jours, et toute la famille reste unie jusqu'à l'automne.

Tetrastes bonasia

143

Tétras sombre (143), tétras nord-américain, de la taille du Tétras-lyre, qui a plusieurs sous-espèces très semblables. Vit dans les bois et rochers des montagnes Rocheuses. Le mâle est un peu plus grand que la femelle et s'en distingue par des lignes orange sur l'œil.
Dendragapus obscurus

Tétras lyre ou **Petit Coq de bruyère** (144) a une aire d'expansion étendue, de l'Angleterre à la Scandinavie, à l'Europe centrale et à tout le centre de l'Asie. Vit à l'orée des bois ou dans les clairières, les landes, les tourbières. En montagne, jusqu'à la limite des arbres. La parade nuptiale est spectaculaire, elle se joue au sol sur les lieux rituels, entre plusieurs mâles réunis. Les chasseurs décrivent leurs cris spéciaux à cette parade d'abord comme un chuintement, puis un roucoulement. Tout excités, les coqs sautillent, ailes pendantes et queue déployée, ils semblent se battre en duel pour emporter la poule, qui les observe. Dans son nid caché dans la bruyère, la poule pond 7 à 10 œufs couleur ocre tachetés de brun-roux.
Lyrurus tetrix

Grand Tétras ou **Grand Coq de bruyère** (145), le plus fort représentant des Tétraonidés, vit dans les grandes forêts d'Europe centrale et septentrionale jusqu'au lac Baïkal. Cet oiseau farouche a disparu de beaucoup d'endroits d'Europe, sa réduction correspondant à celle des grands espaces boisés tranquilles et inviolés. Ses légendaires parades débutent dès avant l'équinoxe de printemps. Cela commence par des claquements de bec qui se terminent par un bruit sec, puis un grincement de scie métallique qui rend l'oiseau complètement sourd. Ponte : 5 à 8 œufs assez petits, semblables à ceux du Petit Coq de bruyère. La femelle couve avec beaucoup d'assiduité. On rencontre des croisements avec le Tétras lyre.
Tetrao urogallus

144

146

Caille de Californie (146) habite les steppes des Etats du Sud-Ouest des U.S.A. A la différence de la Caille des champs eurasienne, celle-ci vit dans les parcs. Le mâle porte sur la tête une plume ornementale recourbée vers l'avant. Etait encore abondante naguère, mais chassée en masse, elle ne niche plus que rarement dans sa région. Implantée et acclimatée dans d'autres pays : Hawaï, le Chili, et est devenue abondante en Nouvelle-Zélande.
Lophortyx californica

147

Combat en duel de deux coqs de Faisan ordinaire

148

Perdrix bartavelle (147) habite les champs caillouteux et les versants ensoleillés des hauts plateaux au bord des forêts d'Europe du Sud, dans les Balkans et en Asie centrale jusqu'en Mongolie. Les deux sexes sont semblables. Monogame, le coq participe à la couvaison, on signale des cas où c'est lui qui prend le nid en charge et la couvée, la femelle construisant un autre nid et se mettant à y pondre des œufs qu'elle couve alors elle-même.
Alectoris graeca

Perdrix grise (148), l'un des plus abondants Gallinacés des plaines et des plateaux de toute la zone tempérée d'Europe et d'Asie jusqu'au Baïkal. Dans certains pays d'Europe à agriculture avancée elle est en régression, et a disparu par endroits suite à la mécanisation et à l'invention des pesticides. Le remembrement des terres, la mécanisation, l'usage d'herbicides et d'insecticides ont supprimé beaucoup de possibilités de nicher et de sources alimentaires, surtout les insectes et graines de plantes adventices, à la saison des nids. Vit par couples. Le mâle veille jalousement sur son territoire, s'opposant surtout aux intrusions d'un mâle non accouplé. La femelle pond de mai à juin 12 à 20 œufs de teinte unie, vert olive, et couve très assidûment, tandis que le mâle veille. Après l'éclosion, il s'occupe avec la femelle de l'élevage des petits. Par temps trop froid ou pluvieux au moment des naissances, il y a de grandes pertes. La famille reste unie jusqu'à l'hiver, parfois deux ou trois familles se rassemblent pour passer les mauvais jours. Quand les gardes forestiers sont négligents, il arrive de grandes pertes, quand la neige épaisse et dure empêche les oiseaux d'atteindre la terre. Aux premiers jours du printemps, les perdrix se dispersent, et les couples se mettent à défendre énergiquement leur territoire : en trépignant et en criant, le mâle chasse l'intrus du terrain convoité.
Perdix perdix

149

Faisan vénéré (149), le plus long de tous les Faisans, dépasse 2 m avec sa queue de 1 m 60.
Syrmaticus reevesii Robuste, souvent implanté comme gibier à plume, mais sans grand succès, car il n'est pas supporté par le Faisan ordinaire. Vit actuellement dans les forêts de la Chine du Nord.

Faisan doré (150), espèce élevée pour sa valeur ornementale, car son somptueux plumage aux
Chrysolophus pictus couleurs éblouissantes met cette petite espèce au premier rang parmi les plus beaux oiseaux. Habite la Chine occidentale. Si les coqs dorés n'ont pas assez d'ombre, leurs couleurs ternissent vite au grand soleil.

150

151

Faisan ordinaire ou **Faisan de Colchide** (151) provient d'Asie, comme tous les autres Faisans,
Phasianus colchicus

rapportés de la légendaire Colchide (aujourd'hui la Géorgie) par les Grecs qui lui ont donné le nom du fleuve Phasis. Les Romains l'ont ensuite répandu dans leur empire. On s'y intéressa beaucoup au Moyen Age, les petits seigneurs l'élevaient dans leurs parcs de chasse dès le 11e siècle. C'est ainsi que cette espèce s'est européanisée. Fut importé en Amérique à la fin du 18e siècle, et actuellement il y en a même en Nouvelle-Zélande. Dans son aire d'expansion originale, qui s'étend du Caucase à l'Extrême-Orient, il en existe environ 30 races géographiques. Les Faisans importés depuis longtemps en Europe ont évolué en de nombreuses variantes colorées, et il est parfois difficile d'y reconnaître les deux types principaux, le type occidental sans collier et le type mongol à collier blanc. A l'époque de la pariade, à mi-avril, le coq rassemble une ou plusieurs poules auprès de lui. Elles pondent 10 à 16 œufs de teinte unie, verdâtre ou brunâtre, dans des nids en plein champ ou à l'orée d'un bois. Souvent les poules faisanes pondent dans le nid d'un autre oiseau, un canard le plus souvent, ou elles pondent à plusieurs dans le même nid, où peuvent se trouver 20 à 30 œufs. Les gardes-chasse veillent bien sur ce gibier de choix, il le nourrissent durant l'hiver, préviennent les trop grandes pertes au cours des moissons en ramassant les œufs à temps, ou encore avant les grandes pluies, pour les mettre en couveuses artificielles. Ces faisandeaux sont alors élevés dans les faisanderies, pour finir par être lâchés juste avant la chasse.

Faisan versicolore (152) est originaire du Japon. Le coq a de belles plumes bleu-noir aux reflets vert bronzé sur la tête et la poitrine, n'a pas de collier blanc. Au cours des temps a été croisé avec plusieurs races du Faisan ordinaire.
Phasianus versicolor

Crossoptilon bleu (153), l'une des trois espèces de Faisans avec des plumes qui s'écartent de la tête comme des oreilles ; les larges plumes filamenteuses de leur queue retournées sur un côté. Le Crossoptilon vit par couples, les deux sexes sont du même coloris. Dans leur patrie, les montagnes de la Chine du Nord et de l'Ouest, seul le Crossoptilon blanc (*C. crossoptilon*) reste abondant, tandis que le *C. auritum* et le *C. mantchuricum* (C. brun) sont presque éteints. Ils sont heureusement élevés dans des faisanderies ornementales, mais restent rares car les œufs sont peu fécondés.
Crossoptilon auritum

152

153

Faisan de Lady Amherst (154), proche parent du Faisan doré, comme lui a de très belles couleurs, porte une huppe et de longues plumes de chaque côté du cou, qu'il peut déployer en éventail quand il est excité. Ces deux espèces se croisent aisément, et donnent des combinaisons de couleurs très variées. C'est pourquoi les pur-sang sont rares maintenant. Vit dans les bambouseraies les plus hautes des montagnes de la Chine intérieure.
Chrysolophus amherstiae

Paon congolais (155), la plus grande sensation ornithologique de ce siècle. Découvert en 1936 dans les forêts tropicales du Congo. Unique paon vivant sur le continent africain. Comme les vrais paons, il a une couronne de plumes blanches, sinon il est entièrement bleu sombre et vert avec des reflets bronzés métalliques. Vit par couples, passe la journée au sol dans les endroits ombragés et humides, la nuit perche haut sur les arbres. De là, il lance des cris qui portent au loin, et auxquels ses congénères répondent. Niche au sol, pond 2—3 œufs couleur crème, les deux parents soignent les petits. Récemment s'est bien multiplié dans les jardins zoologiques.
Afropavo congensis

Paon bleu (156), oiseau au plumage magnifique, natif de l'Inde, déjà connu dans les anciennes civilisations, il y a plus de 4.000 ans. Vit encore à l'état sauvage dans sa
Pavo cristatus

154

155

156

patrie, où il se rend utile en mangeant les jeunes cobras. Pousse un cri désagréable, surtout avant la pluie. Le mâle a un harem de 2 à 5 femelles, qui donnent 3 à 5 petits toutes ensemble.

Faisan argus (157), *Argusianus argus* oiseau farouche vivant caché dans les forêts tropicales de Bornéo, Sumatra et de Malaisie. Le mâle a une somptueuse livrée avec de longues rémiges aux vexilles élargis, couverts de grands ocelles. Très longue queue attei-

157

gnant 2 mètres. Sur sa piste de parade nuptiale, clairière toujours entretenue au centre d'une végétation luxuriante, il se montre à ses poules dans toute sa splendeur. Etalant ses ailes, il fait une roue éblouissante surmontée du long ruban des plumes de sa queue. La femelle ne pond que 2 œufs, et les petits se tiennent sous sa queue.

Coq bankiva (158), l'un des plus lointains ancêtres de toutes les races de coq domestique, déjà *Gallus gallus* élevé dans les plus anciennes civilisations asiatiques et en Egypte. Vit

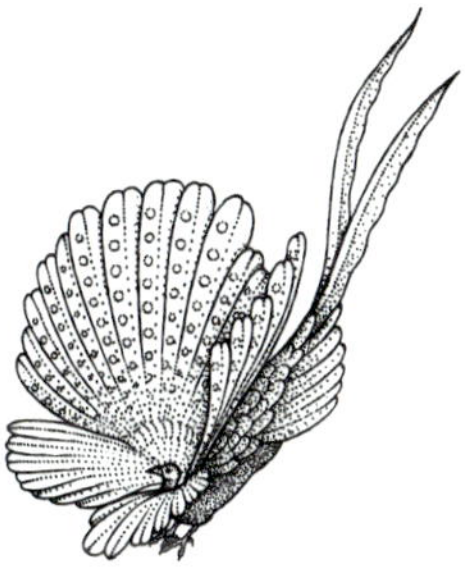

Parade nuptiale du Faisan argus

158

encore à l'état sauvage dans la jungle indienne et malaisienne, rappelant par la taille et la coloration la petite race de perdrix italienne. Au printemps le coq conquiert un territoire où il vit avec 3 à 5 poules. Après de brèves noces la poule se met à nicher, elle pond de 5 à 9 œufs ; les poussins sont capables de voler au bout d'une semaine. Le mâle défend obstinément son territoire contre les rivaux. Après la saison des nids les coqs perdent leur agressivité, leur crête et leurs fanons s'amenuisent et pâlissent, les longues plumes de leur queue muent, alors les coqs se rassemblent en grandes bandes. Ils ne sortent que très tôt le matin et au soir pour picorer en terrain ouvert. La plupart des caractères typiques de ce coq sauvage sont conservés par nos oiseaux domestiques, surtout l'activité dès l'aube, aller se percher au crépuscule, et le cocorico. Les oiseaux vivant à l'état sauvage volent bas et vite, sur de courtes distances, comme le Faisan.

Pintade vulturine (159), la plus grande des sept espèces de pintades. Sa tête rappelle un vautour, *Acryllium vulturinum* avec un col noir-blanc-bleu rayé. Habite le Sud-Est de l'Afrique. Toutes les pintades sont caractéristiques du continent africain au sud du Sahara, où elles peuplent les steppes, le busch et les régions rocailleuses. Elles vivent la plus grande partie de l'année en communauté, et les couples ne se séparent des autres qu'à la fin de la saison des pluies, pour nidifier. La Pintade pond 12 à 15 œufs ocre foncé à la coquille très dure. Les deux parents soignent les petits. Nourriture animale et végétale ; le soir venu vont boire toujours au même endroit. Très vigilante, la Pintade pousse des cris assourdissants qui chassent l'éventuel intrus.

159

Pintade de Guinée (160), comme tous les membres de ce genre porte une huppe de plumes sur la tête. Elle forme plusieurs races géographiques répandues dans l'Afrique de l'Est et dans l'Afrique du Sud de Sierra Leone jusqu'au Kenya, au sud jusqu'à l'Angola et le fleuve de Zambèze. Habite à la lisière des forêts.
Guttera edouardi

Tout comme le Faisan est un oiseau typiquement asiatique, la Pintade africaine, le Dindon est américain. C'est le Gallinacé le plus lourd, le coq atteignant 11 kg, voire 18 kg pour le dindon domestique. Plumes au brillant métallique, tête nue, cou bleu et rouge avec des fanons qui prennent une teinte foncée dans la colère. Pour la parade, le mâle hérisse son plumage, étale la queue en roue, gratte le sol de ses ailes et lance son glouglou bien connu. Les mâles se battent entre eux, parfois jusqu'à la mort de l'un des adversaires.

Dindon ocellé (161), espèce rare vivant dans les forêts des plaines du Sud du Mexique, Guatemala et Honduras, découverte en 1920. Beau plumage bleu et vert, à reflets de cuivre et d'or, queue à ocelles bleus bordés de noir velouté. Plus petit que le Dindon nord-américain, n'est pas polygame comme lui et vit par couples. Elevé avec succès dans les jardins zoologiques depuis une vingtaine d'années.
Agriocharis ocellata

Dindon sauvage (162), autrefois très abondant en Amérique du Nord, est devenu une espèce relique dans les régions du Sud et du Sud-Est du golfe du Mexique. Habite les bois clairs, jusqu'à 3.000 m d'altitude. Pond de 15 à 20 œufs brun-jaune avec des taches plus sombres. Déjà domestiqué dans les
Meleagris gallopavo

160

161

162

vieilles civilisations indiennes, les Espagnols l'ont introduit en Europe aussitôt après la découverte de l'Amérique.

Hoazin (163) occupe une place unique dans le système ornithologique : il n'a aucune parenté proche. Vit dans les forêts marécageuses des bassins des fleuves dans les régions Nord de l'Amérique du Sud. Reste dans les branchages épais, où il bâtit un nid léger, souvent au-dessus de l'eau, où plusieurs couples vivent ensemble. Ne pond que 2 ou 3 œufs brun clair tachetés. Les jeunes, tout nus, peuvent cependant très bien nager et sautent à l'eau en cas de danger. Ils grimpent fort bien dans les branches, surtout grâce aux griffes du deuxième et troisième doigt de l'aile, ce qui rappelle l'Archaeoptéryx d'il y a 130 millions d'années. Au début de leur vie, les jeunes prennent la nourriture dans l'énorme jabot de leurs parents. Se nourrit surtout de feuilles et de fruits.

Opisthocomus hoatzin

Jeune Hoazin grimpant à l'aide de ses griffes

163

Chapitre 12 PARENTÉ DES GRUES ET DES RÂLES

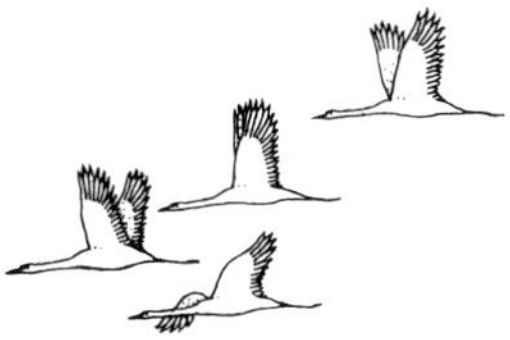

Vol triangulaire de Grues en migration

Chez l'animal, les liens de parenté apparaissent à première vue par une ressemblance ou des traits communs. Ainsi reconnaît-on sans se tromper l'ordre auquel appartient un oiseau : limicole, lamellirostre, rapace, psittacidé ou hibou. Chez certains groupes d'oiseaux d'évolution ancienne, sous l'influence du milieu ou par suite de l'isolement, se sont produits des aspects si divers qu'il semble improbable de trouver dans leur origine des points de parenté. Seule une comparaison anatomique et biologique complexe, surtout celle des mœurs et modes de reproduction apportera plus de lumière sur les anciens liens. L'ordre des *Gruiformes* rassemble ainsi des oiseaux de taille et d'aspect différents. On y range les petits Râles, habitants des végétations marécageuses, les Foulques qui se tiennent sur l'eau et plongent sans trêve, les Rallidés sans cesse guettant (*Heliornithidae*), le Turnix africain vivant dans les steppes (*Turnicidae*) et qui rappelle la Caille, mais aussi bien la Grue aux hautes pattes, qui ressemble autant aux Cigognes que les coureurs rapides que sont les Outardes ou les Seriemas (*Cariamidae*). Tous ces oiseaux, avec tant de différences, ont quelque chose en commun. Au point de vue anatomique, une même structure, surtout des ailes, un jabot développé, un bec non cloisonné. A part cela, tous ne muent qu'une fois l'an, sauf une seule exception, ils pondent des œufs tachetés et leurs petits sont capables de courir ou nager dès le premier jour. Les Rallidés, les Gruidés, les Otididés et les Cariamidés ont une parenté d'évolution évidente. Chez d'autres groupes comme les Kagous (*Rhynochetidae*), les Agamis (*Psophiidae*), les Courlans (*Aramidae*) et les Turnix (*Turnicidae*) qui vivent pour la plupart dans les régions chaudes géographiquement

165

isolées, la parenté est en fait si lointaine, si peu claire, que certains auteurs les rangent dans des sous-ordres, voire dans des ordres séparés.

Grue cendrée (164, 165) la plus abondante des 14 espèces vivantes. Habite une aire vaste, des lacs
Grus grus

d'Europe septentrionale à la Sibérie orientale. Au siècle dernier, son aire atteignait encore l'Europe centrale. Hors de son aire actuelle, ne niche que par endroits isolés, dans le Sud de l'Espagne et les Balkans. Pour nicher, elles se réfugient dans les endroits marécageux déserts des bois clairs et dans la végétation des bords des lacs ou des étangs où ils amoncellent un nid au sol. Pond d'habitude deux œufs, rarement un ou trois, de teinte gris-vert avec des taches brunes. Les deux partenaires se relaient à intervalles réguliers pour couver. Au bout de 30 jours éclosent les petits, tout nus, qui se mettent tout de suite à courir alertement autour du nid. En cas de danger, ils sont capables d'une longue marche. Les couples vivent toujours ensemble, et reviennent à leur nid durant des années. Les Grues vivent longtemps. Elles semblent être matures à l'âge de 4 ou 5 ans et vivent 50 ans. Elles se nourrissent de végétaux, aiment le maïs et la blé, mais chassent aussi volontiers de petits animaux tels les limaces, vers et larves d'insectes. Toujours un oiseau monte la garde tandis que l'autre pâture. Elles se rassemblent en des endroits traditionnels pour danser et trompetter. La danse n'est pas seulement le fait du mâle au moment des amours, c'est aussi une façon qu'ont les Grues de se saluer quand elles se rencontrent, ou simplement de manifester leur joie de vivre, et les non matures comme les femelles y prennent part. Elles migrent en vol triangulaire, même dans l'obscurité, ce que ne font pas les cigognes, et on peut entendre de loin leur trompette sonore. Hivernent en Afrique du Nord et de l'Est, dans le golfe Persique, en Inde et dans le Sud de la Chine.

Grue antigonine (166) *Grus japonensis* espèce devenue rare et menacée, tout comme d'autres Grues. On a peu d'informations récentes sur son état dans son aire d'extension en Chine orientale, dans la région de l'Amour moyen et de l'Oussouri. Dans l'U.R.S.S. voisine, elle niche rarement, au Japon, grâce à des mesures de protection de ses derniers lieux de nidification, son nombre a grandi de quelques dizaines à près de 200 individus. Vit dans les grandes plaines inhabitées, pas trop marécageuses, où chaque couple occupe un vaste rayon. Ses coups de trompe, beaucoup plus sonores que ceux de la Grue cendrée, qui éclatent au crépuscule du matin et du soir, s'entendent à des kilomètres. On a récemment réussi à élever quelques jeunes dans des jardins zoologiques.

Demoiselle de Numidie (167), *Anthropoides virgo* la plus petite, à peine un mètre, c'est l'espèce qui aime le plus la chaleur, répandue du Sud de l'Ukraine et de la Caspienne à travers toute l'Asie centrale jusqu'au-delà de la Mongolie. On a rencontré des aires de nidification en Afrique du Nord dans les plateaux de l'Atlas, en Algérie et au Maroc. Vit dans les steppes, même cultivées, et est relati-

166

vement abondante. Parfois elles se réunissent pour danser, particulièrement quand elles arrivent sur les lieux de nidification, et avant de commencer les amours. Formant un cercle, se mettent à sauter, ailes déployées, jusqu'à épuisement des forces, au son de leurs coups de trompe. Puis c'est un autre groupe qui les remplace. Après la danse, les oiseaux regagnent leur territoire nuptial. La même cérémonie recommencera à l'automne, avant la migration. Hiverne en Afrique orientale, Irak, golfe Persique jusqu'en Inde orientale.

Grue couronnée (168) — espèce africaine abondante, vivant dans les steppes de tout le Transsahara sauf la forêt tropicale. Dans la famille *Grus* toutes les espèces sont grises ou blanches, avec quelques petits dessins et des places rouges, dénudées, sur la tête. La Grue couronnée, elle, s'en différencie par une livrée gris-violet avec des caudales jaune d'or et une belle couronne de même couleur. Elle se distingue aussi dans ses mœurs du fait qu'elle est la seule à percher sur les arbres, de préférence isolés, ce qui lui procure un vaste point de vue. Vit en société en dehors de la saison des nids. Elles dansent aussi, comme les autres, en sautant en cercle, ailes déployées, tournoient en se rapprochant, puis en s'éloignant, revenant, toujours sautillant.
Balearica pavonina

Agami bruyant ou **Oiseau trompette** (169), le plus abondant des trois espèces d'Agamis, oiseau typique du bassin de l'Amazone. Forme une famille indépendante rappelant de loin d'une part les Râles, surtout par la forme du corps et le reflet bleu-vert des plumes et des rémiges, d'autre part les Grues, par leur long cou et leur jabot gonflé. Vit au sol, dans l'ombre de la jungle où des groupes, conduits par un seul oiseau, mangent ensemble végétaux
Psophia crepitans

167

168

et petites bêtes. La pariade se manifeste comme chez les Grues, en dansant en rond, ailes étalées, tout en trompettant. C'est leur voix qui retient le plus l'attention, tons mugissants qui résonnent longtemps dans la nuit claire de pleine lune.

Le groupe le plus nombreux de Gruiformes se rencontre dans la famille des Rallidés qui comprend plus de 130 espèces. Outre 10 espèces de Foulques, caractérisées par des pattes avec des palmures aux doigts et vivant plus ou moins sur l'eau libre, tous les autres Rallidés vivent très cachés dans la végétation des bords de l'eau et des marais. A ce mode

169

170

de vie, ils sont bien adaptés avec un corps fortement aplati, des plumes collant au corps et de longues pattes aux minces doigts préhensibles. Il est rare de les voir, mais ils trahissent leur présence par la voix, le plus souvent des cris aigus ou des sons grondants. Les jeunes, couverts d'un duvet noir, sont vite d'une agilité d'éclair, après l'éclosion, les deux parents les soignent et nourrissent aux premiers jours. Les oisillons ont souvent une tache blanche ou de couleur vive sur le bec, parfois sur la tête, pour aider les parents à mieux s'orienter quand ils les nourrissent dans un endroit sombre.

Râle poussin (170) est petit oiseau de la taille d'un étourneau. Vit très caché dans les oseraies touffues des marais. On ne peut s'assurer de sa présence qu'au moment de la pariade, quand il fait entendre une série de gloussements accélérés vers la fin. Répandu de l'Europe centrale à l'Asie centrale.
Porzana parva

Foulque macroule ou **judelle** (171), oiseau noir aquatique bien connu, au front blanc dénudé, répandu partout sauf en zone froide. Vit sur toutes les eaux stagnantes plus ou moins propices, construit un nid dans les roseaux, souvent avec un petit toit et un petit sentier. S'est apprivoisé, passe parfois l'hiver dans les grandes villes au bord des lacs, ou des fleuves.
Fulica atra

171

172

Foulque macroule prenant son envol en courant sur l'eau

Talève bleue (172) apparaît par petits îlots au Sud de l'Europe, en Asie, Afrique, Australie et îles
Porphyrio porphyrio du Pacifique. Parmi les Talèves et les Râles vivant sur les îles du Pacifique beaucoup d'espèces se sont éteintes dans un passé récent. L'homme est responsable de leur disparition. Non seulement par la chasse, mais du fait qu'il a amené chiens, chats et surmulots qui, faute d'autres proies, se sont attaqués à cet oiseau qui ne vole pas. Par miracle, la Talève *Notornis mantelli hochstetteri*, a survécu. C'est la plus grande espèce, elle ne vole pas, est pourvue d'un bec haut et fort. Considérée comme éteinte en 1948, elle a fait sa réapparition en petit nombre dans l'île du Sud de la Nouvelle-Zélande.

Râle de Weka (173), l'une des 5 espèces de Râles qui ne volent pas, vivant en Australie et Nou-
Gallirallus australis velle-Zélande. Différent des vrais Râles, il a les plumes molles, de très fortes pattes aux doigts relativement courts. Cette espèce vit en Nouvelle-Zélande dans les forêts humides. A des mœurs nocturnes.

Kagou (174) espèce remarquable, au seuil de l'extinction, avec des caractères externes et internes
Rhynochetus jubatus des Hérons, Caurales, Grues et Râles. Il est grand comme un Héron, gris uni, avec des pattes et le bec corail. Les longues plumes flottantes qu'il porte sur la tête sont érectiles et forment une huppe dans la parade. Sa danse exprime également son tempérament sexuel. Les deux partenaires tournoient ensemble, les ailes à moitié déployées. A une vie plutôt nocturne dans les sous-bois humides où il picore vers et larves. Niche au sol, pond un seul œuf tacheté de brun, et que couvent alternativement mâle et femelle. Sa patrie est en Nouvelle-Calédonie.

Cariama de Burmeister (175), l'une des deux espèces de la famille des Seriemas ou Cariamas,
Chunga burmeisteri qui ne se trouvent que dans la moitié sud de l'Amérique du Sud ; res-

173

174

175

Parade du Caurale soleil

176

semble assez aux Outardes de l'Ancien Monde, mais s'en distingue fort par ses mœurs. A une alimentation animale, insectes, rats et serpents, c'est pourquoi il est protégé par l'homme. Vit dans la savane broussailleuse et les bois clairs où il établit son nid à quelques mètres de hauteur. Ne pond que 2 œufs, rarement trois, tachetés de brun. Les deux parents couvent et soignent les petits. Les Seriemas ont l'habitude de lancer un grand cri qui dure une demi-heure sans interruption.

Caurale soleil (176), intéressante espèce américaine de Râle ressemblant au Héron, dans toute
Eurypyga helias sa splendeur quand il ouvre ses ailes rayées de noir et d'or, ce qu'il ne fait pas seulement dans la parade, mais souvent, et quand il se repose. Habite la forêt vierge du Sud du Mexique, de la Bolivie et jusqu'au Sud du Brésil. Se nourrit d'insectes, libellules et mouches qu'il capture à une vitesse étonnante. Vol lent et léger, comme celui du papillon.

Outarde de Kori (177), la plus grande Outarde, plus d'un mètre de haut, mais sa minceur fait
Ardeotis kori qu'elle n'atteint pas le poids de la Grande Outarde qui peut peser 17 kg. Courante dans les steppes de l'Afrique du Sud et de l'Est. Vit en couples, à la différence de la Grande, qui vit en polygame et en groupes. Il y a également une différence de taille et de poids entre le coq et la poule, nette chez la Grande Outarde (de 1 à 3) et insignifiante chez la Kori.

Grande Outarde ou **Outarde barbue** (178) représentante typique de la dernière famille des
Otis tarda Otididés, adaptée à la vie dans les steppes, qui comporte 22 espèces. Comme les Grues, au Moyen Age elle était courante dans toute l'Europe. Aujourd'hui elle est sporadique en Espagne et en Europe centrale, et a une aire d'extension unie seulement à partir des Balkans jusqu'au Pacifique,

177

179

suivant la zone steppique de l'Asie du Sud. Sa parenté avec les Grues apparaît aussi dans la biologie nidificatrice. Elle ne pond également que 2 œufs tachetés de brun sur fond vert. On connaît bien ses amours orageuses, ses parades où le coq retourne complètement ses ailes et sa queue au point qu'il devient tout rond comme une boule.

Outarde houbara (179, 180) l'une des petites Outardes, de la taille de notre poule domestique.
Chlamydotis undulata
Vit dans l'Afrique du Nord, l'Asie Mineure et jusqu'en Inde. Les deux sexes ont la même couleur sable. Le mâle a de plus longues plumes noir et blanc des deux côtés du cou, et il les déploie dans la parade nuptiale.

180

Chapitre 13 HABITANTS AUX LONGUES PATTES DES MARAIS ET DES CÔTES

Principales directions des migrations des Limicoles dans l'Ancien Monde

Les prairies humides, les berges boueuses ou sablonneuses des plaines et des montagnes, de l'équateur à la toundra arctique, dans toutes les parties du monde, sont l'habitat de la plupart des Limicoles (*Charadrii*) qui comptent plus de 260 espèces. Ces oiseaux de belle apparence et vifs sont remarquables à la saison des amours, quand ils se rassemblent en grand nombre sur les plages, au bord de mer ou des étangs et lacs intérieurs. Souvent ces oiseaux sont peu connus, leur taille va de celle d'un moineau au plus grand Courlis, et leur poids atteint jusqu'à 900 g. Beaucoup d'espèces ont des teintes neutres et même le spécialiste a du mal à les reconnaître. Ils ont en général de hautes pattes, certains même très hautes, souvent aussi un long bec sensible. Ils volent bien, et beaucoup d'espèces sont migratrices. Certaines font les plus longs trajets connus, de 20.000 à 35.000 km de l'envol au retour. On a constaté par baguage qu'ils couvrent couramment plusieurs milliers de km non-stop, puisant leur énergie dans leur provision de graisse sous-cutanée, qu'ils renouvellent avant chaque étape à faire pendant leurs arrêts de plusieurs jours. Ils nichent presque toujours au sol, pondent régulièrement 4 œufs, quelques espèces, exceptionnelles, n'en pondent que 1 ou 3. En proportion du poids du corps, les œufs sont gros, avec un bout pointu. Dans le nid, le bout pointu des œufs est dirigé vers le centre, comme un trèfle à quatre feuilles, leur couleur tachetée se fondant parfaitement dans le milieu environnant. Dès leur éclosion, les oisillons, typiques nidifuges, sont matures. Dès qu'ils sont secs ils sont alertes, et ne restent au nid que leur première nuit. Les deux partenaires s'occupent de la couvaison et de l'élevage. Aux cris d'alertes de leurs parents, les petits se plaquent instinctivement au sol, où ils sont invisibles grâce à leur mimétisme. Se nourrissent de vers, larves, insectes, petits crustacés et mollusques et aussi, dans une moindre mesure, de graines. Les Limicoles se répartissent en 12 familles parmi lesquelles les moins évoluées ont encore beaucoup en commun avec les Râles, tandis que les plus évoluées ont déjà quelques caractères de Mouettes.

Jacana à longue queue *Hydrophasianus chirurgus* (181), l'une des sept espèces du genre Jacana vivant dans les zones chaudes de tous les continents. A quelques caractères exceptionnels : les doigts les plus longs parmi tous les oiseaux, avec des griffes très longues, surtout au doigt postérieur, de sorte que ses empreintes sont souvent plus longues

181

182

que son corps. Ainsi peut-il marcher sur les feuilles des plantes flottantes qui sont un unique milieu. Autre particularité morphologique : un onglet corné à la courbure de l'aile, qui existe seulement chez quelques espèces (Kamichis, Chionis et deux espèces de l'ordre des Ansériformes). Ses mœurs polyandriques sont aussi inhabituelles : chaque femelle a de 2 à 4 mâles, qui s'appliquent avec zèle à la couvaison et l'élevage des 4 petits. Si le nid est menacé par une inondation ou un troublion, le mâle peut déplacer plusieurs fois la couvée en des nids préparés d'avance à quelques mètres de distance. L'espèce citée habite la végétation des eaux stagnantes dans la région tropicale et le Sud de l'Asie.

Jacana d'Afrique (182), répandue en Afrique tropicale et en Afrique du Sud. Ses plumes sont de couleur cannelle, la tête et le cou d'un noir métallique et le front d'un bleu vif. Comme chez tous les jacanas, les deux sexes sont de même couleur, mais la femelle est nettement plus grande que le mâle.
Actophilornis africana

Huîtrier d'Australie (183), de couleur noire, habite les côtes rocheuses d'Australie. Niche sur les rochers. Pond régulièrement 2 œufs. Les petits, très agiles, tout noirs, sont parfaitement adaptés à la vie dans les rochers.
Haematopus unicolor

Huîtrier-Pie (184) appartient aux Huîtriers cosmopolites apparaissant surtout sur les bords de mer. Grand comme un pigeon, avec un long bec caractéristique, aplati sur les côtés, pour happer l'huître hors de son écaille. On a constaté par baguage qu'il est très fidèle à son aire de nidification, qu'il vit longtemps, dans un cas certain 36 ans.
Haematopus ostralegus

Vanneau huppé (185), l'un des Pluviers les plus connus et les plus abondants vivant dans toute l'Eurasie sauf dans les régions septentrionales. Niche dans les prés et les champs à proximité de l'eau, c'est là qu'au début du printemps les mâles exécutent leurs « loopings » acrobatiques accompagnés de lamen-
Vanellus vanellus

183
184

185

186

tations. D'avril à juin la femelle pond 4 œufs verdâtres tachetés de noir dans un trou peu garni, au sol. Le nid se perd si bien dans le milieu qu'il est difficile à découvrir. Les parents chassent audacieusement tout intrus. Au début de l'automne, des bandes de Vanneaux descendent vers l'Europe occidentale, la plupart passent l'hiver en Méditerranée, d'où ils repartent vers leurs aires de nidification par le trajet le plus court.

Gravelot ou **Petit Pluvier à collier** (186), le plus répandu des petits Pluviers, couleur sable.
Charadrius dubius
Niche sur les bords sablonneux des lacs, étangs et fleuves dans toute l'Europe tempérée et en Asie jusqu'au Japon, ainsi que dans la partie Nord de l'Afrique. Dans le trou du nid, souvent pavé de petits cailloux, les 4 œufs couleur pierre sont à peine discernables. Mâle et femelle se relaient pour couver. Tôt après l'éclosion les jeunes quittent le nid et migrent vers les lieux d'hivernage en Afrique équatoriale et au Sud de l'Asie.

Pluvier doré (187), l'une des plus grandes espèces, de la taille d'une tourterelle. Vit dans les
Pluvialis apricaria
tourbières et les bruyères, au Nord de l'Europe et en Sibérie occidentale. Niche volontiers dans les touffes de bruyère. Signale sa présence, comme les autres Pluviers, par des trilles harmonieux. Pour la parade, choisit les champs de pommes de terre et de trèfle. Hiverne en Europe occidentale et en Méditerranée.

Pluvier guignard (188) a une aire d'expansion géographique inhabituelle. Niche dans les champs
Eudromias morinellus
de neige tout au Nord de l'Europe et de la Sibérie, ou, comme relique de l'époque glaciaire, sur les champs de cailloux de la haute montagne, dans le Sud, en Asie centrale et en Europe surtout dans les Alpes. Pond 3 œufs que couve le mâle surtout. Fait curieux, quand ils couvent, des oiseaux perdent leur timidité. Confiants, ils se laissent prendre en main. Hivernent en Méditerranée et au Sud de l'Asie.

187

188

189

Vanneau caronculé à nuque noire (189) vit dans la partie Sud de la péninsule d'Arabie, en
Lobivanellus indicus
Mésopotamie, dans tout le Sud de l'Asie jusqu'en Malaisie. Rappelle le Vanneau huppé quant aux mœurs, mais reste toujours près de l'eau. Porte sur la tête une excroissance ornementale, jaune et nue.

Pluvier à queue blanche (190) ressemble à un Pluvier aux très longues pattes, abondant en
Chettusia leucura
Syrie, Mésopotamie et Iran, au Nord va jusqu'aux mers Caspienne et d'Aral. Niche en milieu semi-steppique, aux bords des lacs salés et d'eau douce. Pond 4 œufs en forme de poire inhabituelle, couleur argile clair avec de petites taches. Migre jusqu'en Afrique orientale et en Inde.

Chevalier à pieds courts (191), répandu en Sibérie orientale jusqu'au Kamtchatka. Contraire-
Tringa brevipes
ment aux autres Chevaliers, il a les pattes courtes, de belles ondes de couleur sur la poitrine et les flancs. Niche près des ruisseaux de montagne jusqu'à 1.800 mètres. Va hiverner très loin, jusqu'en Polynésie et en Australie.

Chevalier aboyeur ou **Chevalier à pattes vertes** (192), l'un des plus grands Chevaliers, mesure
Tringa nebularia
30 cm environ. A des pattes vertes, un bec légèrement retroussé vers le haut et une tache blanche de la queue jusqu'au milieu du dos. Niche de

190

191

l'Ecosse et de l'Europe du Nord jusqu'au Kamtchatka en passant par l'Asie septentrionale. On reconnaît la plupart des Chevaliers à leur voix. L'aboyeur siffle comme une flûte « tiouk, iouk — iouk », ce que l'on peut bien imiter pour l'attirer. Les Limicoles migrent tôt, après la nidification, et déjà en juillet ils traversent l'Europe centrale. Ils vont vers l'Afrique pour la plupart, ceux qui sont plus à l'Est migrent vers l'Asie du Sud et jusqu'en Australie.

192

193

Courlis cendré (193), de la famille qui comprend 8 espèces des plus grands Limicoles (jusqu'à 62 cm), hauts sur pattes, robe tachetée de brun et un bec très long recourbé vers le bas. Habitant typique des vastes tourbières et des prairies cultivées. Niche dans les régions maritimes de l'Europe du Nord et une large bande traversant l'Asie centrale, sporadiquement en quelques endroits d'Europe centrale. De tous les Limicoles, il a la voix la plus mélodieuse, long chant de flûte trillé qu'il fait entendre même en dehors du printemps. Les oisillons naissent avec un bec court et droit, qui s'allonge et se courbe plus tard.
Numenius arquata

Barge à queue noire (194), beau et mince Limicole, qui niche dans les grands prés à proximité de l'eau, dans les terrains boueux. En Europe, surtout dans les régions maritimes des mers du Nord et Baltique, est plus abondante dans la
Limosa limosa

194

Accouplement de la Barge à queue noire

195

partie européenne méridionale de l'U.R.S.S., et va jusqu'à l'Altaï; en Europe centrale, ne niche que près des grands lacs et étangs. Dans la parade, elles battent des ailes en s'accompagnant de cris mélodieux. Quand elles accompagnent leurs petits, s'il se présente un intrus elles volent en cercle autour de lui en poussant des cris d'angoisse, et vont même jusqu'à simuler d'être blessées pour détourner l'attention des jeunes.

Bécasseau variable *Calidris alpina* (195) est le plus abondant du genre Bécasseau, qui compte environ 20 espèces. Toutes nichent le plus au Nord de l'Europe, d'Asie et d'Amérique, sauf celle-ci, qui descend jusqu'aux îles Britanniques, aux rives de la mer du Nord et de la Baltique. Tous les Bécasseaux ont une livrée colorée au printemps, mais après la mue d'été ils sont d'un gris-brun

196

197

terne. A la saison des amours, le Bécasseau variable porte une grande tache noire sur la poitrine.

Bécasseau Sanderling (196, 197) a une aire de nidification circumpolaire, dans les îles et rives proches de l'Océan glacial arctique ; le plus clair de tous dans sa livrée d'automne. Gris clair au-dessus, tout blanc en dessous. D'une manière caractéristique, ils courent et piétinent en bandes sur les vagues du ressac, tout en piquant du bec leurs proies dans le sable. Ce Bécasseau, comme de nombreux autres Limicoles s'arrête en migrant dans des endroits traditionnels, où souvent il se rassemble en très grand nombre.
Calidris alba

Chevalier combattant (198) est connu par les combats des mâles, au printemps. Ils ont en cette saison un col de couleur vive, très variable, jamais il n'y en a deux pareils ; et une huppe leur pousse sur la tête. Plus tard, quand ils muent, le mâle ne se différencie plus de sa femelle mais il est un peu plus grand. Le Combattant est l'unique Chevalier à longues pattes et à long cou. Niche sur les côtes Sud de la Mer du Nord et de la Baltique, en Scandinavie, et dans toute l'Asie septentrionale. Migrations régulières d'automne et de printemps, à travers l'Europe centrale et occidentale, jusqu'en Sibérie et le bassin du Ienisseï. Hiverne en Méditerranée, mais beaucoup vont jusque l'Afrique tropicale et même du Sud.
Philomachus pugnax

Bécassine double (199) comme toutes les 18 espèces de Bécassines et Bécasses, se distingue par de courtes pattes et un long bec mobile et très sensible du bout, avec
Gallinago media

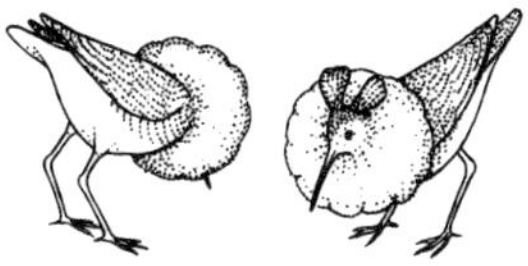

Combat de coqs
de Chevalier combattant

198

lequel elle tâte et attrape vers et larves d'insectes, profond dans la vase. La Bécasse a les yeux reportés vers l'arrière, haut sur le sommet de la tête, si bien que lorsqu'elle enfonce son bec dans la terre elle peut continuer à observer les alentours. Livrée adaptée au milieu, brune avec des taches sombres transversales. Chez la Bécassine double, la parade nuptiale se déroule entre mâles rassemblés, sans participation des femelles. Au printemps, toujours aux mêmes endroits, elles se mettent, à la tombée du soir, à claquer du bec tous ensemble, en émettant des sons tels qu'on dirait un concert de grenouilles. La Bécassine double vit en Scandinavie et dans la partie occidentale de l'U.R.S.S. jusqu'en Sibérie centrale. Elle migre vers ses lieux d'hivernage, en Afrique orientale et du Sud, par une voie orientale si bien qu'il est rare de la voir en Europe centrale et occidentale.

199

200

201

202

Bécassine ordinaire (200, 201), courante dans tout le Nord de l'Eurasie et de l'Amérique du
Gallinago gallinago

Nord. Niche dans les prairies marécageuses, les marais salants et même dans la haute montagne. Au printemps le mâle exécute de longs vols nuptiaux en accompagnant ses rapides coups d'aile d'un cri rythmé régulièrement « tica tica tica ». Quand il pique alors au sol, on peut entendre le bruissement de l'air dans sa queue étalée en roue. Dans le nid bien caché dans l'herbe la femelle couve seule ses 4 œufs, mais le mâle l'aidera à élever les petits. Niche 2 fois l'an. Hiverne en Europe au long de l'Atlantique, dans toute la Méditerranée et en Afrique jusqu'à la zone équatoriale.

Bécasse des bois (202), gibier apprécié, chassé traditionnellement au moment des amours prin-
Scolopax rusticola

tanières. Au crépuscule, les coqs volent bas sur les clairières et les percées, en poussant un doux « psip » suivi d'une sorte de gloussement. Les deux sexes ont de brefs rapports avec plusieurs partenaires. La femelle seule couve ses 4 œufs, qu'elle pond souvent 2 fois l'an, et s'occupe des petits. Si quelqu'un s'approche du nid quand elle couve, elle se fige complètement. Vit dans les forêts mixtes humides et haut dans la montagne, dans toute l'Europe sauf le Sud et le Nord, et en zone tempérée d'Asie jusqu'au Japon.

203

Avocette (203), comme tous les autres recurvirostridés, se reconnaît à ses longues pattes minces,
Recurvirostra avosetta à son long bec droit ou recourbé et à sa livrée fortement contrastée de noir et de blanc. Habite les vasières où elle niche, souvent à plusieurs couples rassemblés. Outre son expansion continue dans l'Europe du Sud-Est et l'Asie centrale jusqu'au-delà du Baïkal niche aussi en îlots en Europe centrale, occidentale et méridionale, ainsi qu'en Afrique du Nord et du Sud.

Phalarope à bec étroit (204) forme, avec des autres espèces, le genre Phalarope, semblable au
Phalaropus lobatus Bécasseau, avec des palmures lobées aux pattes, car il reste la plupart du temps sur l'eau. Contrairement à la plupart des oiseaux, la femelle est plus grande, plus colorée, et c'est le mâle exclusivement qui s'occupe de couver et d'élever les jeunes. Niche en zone arctique et subarctique du monde entier, va jusque sur la côte ouest de l'Amérique du Sud, dans l'Océan Indien et le Pacifique pour hiverner.

204

205

Glaréole à collier (205), l'une des 16 espèces de Glaréolidés, oiseaux des steppes, couleur sable.
Glareola pratincola

Vit dans les régions chaudes du Sud de l'Europe, Asie, Afrique et Australie. Aussi bon coureur que voilier. Vit en communauté, niche de même et pond 3 œufs sur la terre nue. Chasse en plein vol, surtout des insectes.

Pluvian (206), l'une des espèces de Glaréolidés vivant isolément sur les berges sablonneuses des
Pluvianus aegyptius

rivières de l'Afrique tropicale. A l'habitude de fouiller le sable pour y enterrer non seulement ses œufs mais ses petits, en cas de danger. Reste volontiers en compagnie des crocodiles endormis, qu'il alerte par ses cris en cas de danger.

206

207

Œdicnème criard (207), étrange oiseau ressemblant à une petite outarde dont les grands yeux
Burhinus oedicnemus jaunes dévoilent que c'est un nocturne. On le trouve en petit nombre dans les endroits semi-steppiques chauds en Europe, en Asie Antérieure et dans le Nord de l'Afrique. Pour nicher recherche les bancs de gravier dans les fleuves, les grandes surfaces sablonneuses à végétation basse. Vit par couples, sans se faire remarquer, ne s'animant que le soir venu. Pond 2 œufs tachetés de brun sur fond gris. Les deux partenaires couvent. Mange insectes, vers et limaces. En tout 9 espèces.

Chionis blanc (208), limicole antarctique de la taille d'un pigeon. Trapu, il est blanc de neige,
Chionis alba et sur son bec une plaque recouvre les narines. Il est protégé contre les rigueurs du climat par un duvet dru et une épaisse couche de graisse sous-cutanée. Mange des petites bêtes, charognes, déchets végétaux flottant au bord de mer. Il n'en existe que 2 espèces.

208

Chapitre 14

LE PEUPLE CRIARD DES MOUETTES ET DES STERNES

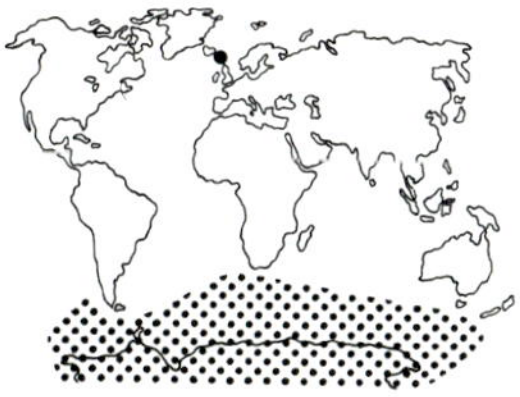

Migrations du Grand Labbe

Sur les bords de l'eau, qu'ils soient de lacs, étangs, marais ou mers et océans, on entend toujours des cris d'oiseaux. La partie fortissimo du concert revient presque toujours aux Mouettes et aux Sternes. Chaque individu dispose de tout une gamme d'appels et de cris dont l'effet se multiplie du fait que ces oiseaux vivent en général en grandes colonies, surtout à la saison des nids. Toute intrusion est accompagnée de cris assourdissants, rappelant de loin le rugissement d'une cascade.

Les Mouettes (*Lari*), avec les Limicoles et les Pingouins sont rangées dans l'ordre des *Charadriiformes*. Ces oiseaux ont beaucoup de caractères communs, mais les Mouettes forment dans un ensemble de 334 espèces bien distinctes, un groupe monolithe de 91 espèces en tout. Même le profane reconnaît une Mouette, et s'il ne distingue pas un Sterne, il saura toutefois qu'il s'agit d'une Mouette, et il ne sera pas loin de la vérité, du point de vue systématique. Les Mouettes sont des oiseaux moyens et grands. Elles ne pèsent pas beaucoup — au maximum 2 kg — mais elles ont un vol puissant, ayant des rémiges prolongées et donc une grande envergure. L'endurance et l'adresse en vol caractérisent presque toutes les espèces. Elles muent deux fois l'an, et leur plumage nuptial diffère de l'autre. Elles sont aquatiques, témoins leurs palmures, mais les parades nuptiales, très diverses selon les espèces, se déroulent surtout sur terre. Les Mouettes ont toujours éveillé la curiosité par la diversité de leurs attitudes, à la saison des nids ou en dehors. De nombreux chercheurs se sont consacrés à l'étude de leur écologie, si bien qu'elles sont l'un des groupes d'oiseaux étudiés le plus à fond. Certes, certains moyens d'expression sont communs à toutes les mouettes, n'empêche que chaque espèce a en plus ses propres moyens d'expression innés. Les Mouettes nichent une fois l'an, installent leur nid au sol à proximité de l'eau, les jeunes courent tôt après l'éclosion, mais restent un temps assez long sur le nid ou aux alentours. Ils sont nourris de bec à bec par leurs parents. Sont surtout carnivores.

209

210

211

Grand Labbe (209)
Stercorarius skua
de la famille des Stercorariidés, qui se distinguent des Mouettes et des Sternes par un plumage plus sombre, brunâtre sur le dessus. Se reconnaît à son bec puissant, en quatre parties cornées avec une pointe en crochet. Vole magistralement et sait en tirer profit ; tout comme la Frégate, il vole leur proie aux autres oiseaux, en les obligeant à la lâcher, il la rattrape alors bien avant qu'elle ne tombe à terre. En saison de nidification, il vole les œufs et les petits des autres. Il pond d'ordinaire 2 œufs dans un nid, simple trou peu arrangé, et les deux partenaires couvent alternativement durant 3 à 4 semaines. Le Grand Labbe est le plus grand de sa famille. Son aire d'extension géographique est intéressante du fait qu'elle est double : une dans l'Antarctique, l'autre dans l'hémisphère Nord, en Islande, les îles Féroé, Shetland, Orcades et dans le Nord de l'Ecosse. Dans l'Antarctique remplace les Rapaces, qui n'y existent pas.

Labbe parasite (210) *Stercorarius parasiticus* est nettement plus petit que le Grand Labbe. Habite les îles des mers du Nord et les toundras d'Eurasie et d'Amérique. Du point de vue de la couleur, existe en deux modèles : un brun tout brun, qui prévaut dans les parties Sud de son aire de nidification, et un brun au-dessous du corps plus clair qui prévaut au Nord. Les rectrices médianes du Labbe parasite sont pointues et dépassent la queue de 9 cm environ.

Labbe à longue queue (211) *Stercorarius longicaudus* se reconnaît bien en vol par ses longues rectrices médianes, effilées, qui dépassent la queue de 15 à 25 cm, et à sa plus petite taille. Niche de façon éparpillée dans les plaines et les toundras des montagnes de l'Eurasie et d'Amérique. Il plane seul ou en petits groupes à basse altitude pour guetter ses proies. Ce Labbe n'est pas un Rapace comme les autres espèces, dans la toundra il se nourrit surtout de lemmings, d'insectes et de divers petits animaux. Il nourrit surtout d'insectes ses deux oisillons qui courent déjà hors du nid dès leur deuxième jour.

Il y a en tout, dans le monde entier, 43 espèces de Mouettes. Chaque espèce se distingue davantage par la taille que par la couleur. Le blanc et le gris dominent, la plupart des Mouettes ont une capuche noire ou grise, certaines espèces ont la tête noire ou à tout le moins un masque. Cette description générale ne concerne toutefois que les oiseaux matures. Différencier les diverses espèces de Mouettes selon la taille en livrée juvénile, c'est très compliqué, car alors elles sont toutes d'un gris-brun terne. Selon la taille des espèces, les Mouettes gardent leur livrée juvénile durant 2 à 4 ans.

Mouette des récifs (212) belle et délicate mouette nichant sur quelques îles de la mer de Behring,
Rissa brevirostris soit en colonies indépendantes, soit avec d'autres oiseaux maritimes. Ressemble fort à la Tridactyle, mais avec une calotte presque noire, des pattes noires et, comme son nom l'indique en latin, un bec assez court. La biologie nidificatrice de cette espèce a beaucoup de traits communs avec celle de la Tridactyle. Nids d'herbes sèches, mousse, algues et une addition de terre. Ponte généralement de 2 œufs. Les parents alternent pour couver de 24 à 26 jours.

Mouette tridactyle (213) a les pattes noires et un mantelet gris. Les deux représentantes de la
Rissa tridactyla famille *Rissa* n'ont pas de doigt postérieur. Reste abondante, quoiqu'en diminution, sur les montagnes aux oiseaux des côtes et des îles de

212

213

l'Atlantique Nord et du Pacifique. Les plus grandes colonies, plusieurs centaines de milliers de couples, se trouvent sur la côte occidentale du Groenland, avec des nids serrés les uns contre les autres sur les corniches étroites. Ce mode de nidification s'accompagne de quelques traits spécifiques de la biologie nidificatrice par laquelle la Tridactyle se distingue des autres Mouettes nichant sur des endroits plats ou sur des pentes. Les petits restent sans bouger dans le nid profond, ils ne s'éparpillent pas autour du nid, attendent leur nourriture tranquillement, la tête tournée vers la paroi rocheuse. Ces Mouettes ont une voix plus aiguë que les autres espèces, elles sont bavardes et criardes. En dehors de la saison des nids, elles restent en haute mer.

Mouette rieuse (214) porte un masque brun chocolat dans sa livrée de pariade. En dehors de
Larus ridibundus cette saison sa tête est blanche avec des taches brunes dans la région

214

auriculaire. Niche en grandes colonies, mais habite surtout les eaux à l'intérieur des terres, dans toute la zone tempérée de l'Eurasie.

Goéland à ailes blanches (215) appartient aux grandes espèces de Mouettes pélagiques. Vit sur les îles et les côtes du Pacifique Nord. Ressemble par la taille et le coloris au Goéland argenté, sauf la pointe grise des ailes.
Larus glaucescens

215

216

Goéland argenté (216, 218) habite les côtes maritimes et certains lacs intérieurs d'une grande partie de l'hémisphère Nord. Sa silhouette — 1,5 m d'envergure — accompagne loin les bateaux en mer. Niche habituellement en colonies de milliers de couples sur les îles plates herbeuses et les falaises côtières, dans la dure végétation des dunes, les oseraies, les coulées basaltiques et certaines villes côtières des Balkans, où il s'installe, jusque sur le toit des maisons. Pond 2 ou 3 œufs aux taches foncées sur fond olive brunâtre ou verdâtre. Les deux parents couvent alternativement durant 4 semaines. Les petits éclosent couverts d'un duvet tacheté, ils quittent vite le nid, mais restent à proximité durant 4 semaines. Le bec jaune à tache rouge des adultes a une fonction importante dans le nourrissage, en éveillant chez les petits, en même temps que la voix, les mouvements de sollicitation qui, en retour, éveillent chez les adultes l'instinct de nourrir. Ce Goéland a de belles parades nuptiales et un riche registre dans la voix. On connaît bien le cri triomphal dont il marque son territoire ou annonce la découverte d'une riche source de nourriture. Se nourrit de toutes sortes de bêtes maritimes, sans dédaigner les charognes, les œufs et petits d'autres oiseaux qu'il vole. Quand il abonde, il peut causer de grands dégâts.

Larus argentatus

Goéland argenté en train de parader

Mouette mélanocéphale (217) ressemble à la Mouette rieuse, à peine un peu plus petite, toute la tête d'un noir intense dans son plumage nuptial et l'extrémité des ailes blanc pur. Niche dans la végétation touffue sur les rivages, habite le Sud-Ouest de l'Europe, niche de façon irrégulière en Europe centrale et septentrionale, possède même des aires de nidification isolées dans le désert de Gobi. Se nourrit de limaces, larves d'insectes, vers.

Larus melanocephalus

217
218

219

Mouette de Ross ou **Mouette rosée** (219), très belle petite Mouette qui se différencie des autres
Rhodostethia rosea
de son espèce par sa queue fourchue, sa teinte rose et une étroite bande noire derrière la tête. Niche en Sibérie du Nord-Est.

Goéland marin (220), la plus grande espèce de Laridés — 76 cm et envergure 170 cm. Niche
Larus marinus
sur les côtes de l'Atlantique Nord. Ne forme pas de grandes colonies, ses nids sont pour la plupart répartis dans les colonies d'autres oiseaux pélagiques à qui ce voisinage coûte souvent cher. Non seulement ce Goéland vole leurs œufs et leurs petits, mais il attaque même les adultes avec son bec puissant.

Les Sternes se différencient des Mouettes surtout en ce qu'elles sont plus minces. Elles ont de longues ailes étroites, un bec mince et pointu, de graciles petites pattes fourchues et une longue queue. La plupart des 40 espèces de Sternes connues nichent dans les zones tempérées et chaudes, rarement elles se posent sur l'eau, tout en étant aquatiques. Pour capturer le poisson, elles plongent tête première, à la manière des

220

Sterne naine *(Sterna albifrons)* **fonçant sur un poisson.**

221

Fous et des Phaétons. Nichent en colonies petites et grandes, creusent un trou dans le sable ou la vase.

Sterne arctique (221) – son aire de nidification va loin dans le Nord, en Amérique du Nord et en Eurasie, sur les côtes et les petites îles. Surtout connue pour ses migrations lointaines. Quand elle niche en Amérique du Nord, elle traverse l'Atlantique et migre le long des côtes européennes et africaines, jusque dans la mer antarctique. Une partie, des côtes occidentales d'Afrique, survole l'océan jusqu'aux rivages de l'Amérique du Sud qu'elles suivent en direction du Sud. Le voyage aller et retour couvre de 35 à 40 000 kilomètres, ce qui est une belle performance.

Sterna macroura ou
Sterna paradisaea

Sterne caspienne ou **Sterne tchégrava** (222), la plus grande Sterne, répandue sporadiquement. Ses colonies de nidification sont éparpillées dans quelques régions isolées du monde entier peut-on dire : Amérique du Nord, Afrique, Europe du

Hydroprogne caspia

222

223

224

Sud et du Nord, Asie centrale, méridionale et orientale, Australie et Nouvelle-Zélande. Aime à nicher sur les bancs de sable ou de vase, entre les rochers du bord de mer. Pond 2 ou 3 œufs. Notre cliché la montre en parade nuptiale.

Sterne Pierre-Garin (223) ressemble fort à la Sterne arctique, s'en distingue par son bec rouge à pointe noire et une queue plus courte. Habite l'Europe, l'Asie et l'Amérique du Nord, d'où elle entreprend de grands voyages pour hiverner en Afrique du Sud et en Amérique. Niche en des endroits dégagés des rivages marins, des lacs, étangs et rivières. Passe la plupart du temps en l'air, se repose volontiers sur un îlot, un tronc d'arbre

Sterna hirundo

225

flottant, un poteau sortant de l'eau. Marche mal. Elles se chamaillent beaucoup dans les colonies, leur aire ayant environ 1,50 m de diamètre autour du nid, elles ne supportent aucun autre oiseau dans ce périmètre. La parade nuptiale de la Pierre-Garin s'exécute au sol et dans l'air. On voit le mâle voler autour de la femelle, un petit poisson au bec, elle le poursuit, tout en poussant des cris. Les œufs sont tachetés de gris foncé sur fond brun-vert. Les deux partenaires couvent tour à tour durant 20 à 22 jours.

Sterne tara (224) a le front très blanc. Niche sur les côtes orientales australiennes, en Tasmanie, en Nouvelle-Zélande et quelques autres îles. Dans ces régions la saison des nids tombe en novembre—décembre.
Sterna striata

On a souvent constaté que la forme du bec répond au mode d'alimentation, et le Bec-en-ciseaux, proche parent des Sternes, en est un bel exemple : long, droit, aplati sur le côté et la mandibule inférieure dépassant fort la supérieure, dont les bords aigus rentrent un peu dedans. Au crépuscule, le Bec-en-ciseaux vole bas sur l'eau, bec ouvert, la mâchoire inférieure sillonne l'eau et attrape de petits poissons ou autres bêtes.

Bec-en-ciseaux d'Amérique (225) au bec rouge, jaune, et noir au bout. Vit en Amérique.
Rhynchops nigra

Bec-en-ciseaux d'Afrique (226) au bec jaune. Habite les eaux d'Afrique tropicale.
Rhynchops flavirostris

Guifette moustac (227) le plus souvent grise, avec une capuche noire et un visage clair. Niche en petites colonies dans les roseaux et se nourrit principalement de
Chlidonias hybrida

226

227

poisson. Son aire géographique d'extension n'est pas continue, éparpillée en Europe du Sud et de l'Est, Afrique, Asie du Sud-Ouest, du Sud et de l'Est ainsi qu'en Australie.

Sterne inca (228) *Larosterna inca* oiseau gris argent tirant sur le bleu, avec une lobe jaune sous l'œil, le bec et les pattes rouges. Habite le Pérou et le Chili. Unique apparentée aux Mouettes et Sternes à nicher dans les creux — sous un bloc de rocher ou dans un trou au sol. Varie son menu de poissons en allant extirper les restes de chair entre les dents de l'otarie.

228

Chapitre 15

LES HABITANTS DES MONTAGNES À OISEAUX

Les oiseaux qui, pour se nourrir, dépendent du grand large où ils passent la nuit et le jour, doivent pourtant devenir habitants de la terre ferme au moment de la nidification. Dans les mers du Nord, aux endroits riches en nourriture, certaines espèces d'oiseaux pélagiques se rassemblent en colonies nombreuses pour nicher, sur des rochers connus depuis longtemps par les récits de pêcheurs et de naturalistes sous le vocable de « Montagnes à Oiseaux ». C'est là une sorte de curiosité de l'hémisphère Nord. Aux 23 espèces d'Alcidés, les plus attachés à la mer, se joint une nombreuse société de Mouettes, Cormorans, Fous, Fulmars etc. Les Alcidés sont proches parents des Limicoles et des Mouettes. Ils ressemblent fort aux Manchots des mers du Sud, mais contrairement à ces derniers ils volent très bien. En ce qui concerne la plongée, ils pourraient être considérés comme maîtres. Quand ils voguent en surface ils rament avec leurs pattes munies de courtes palmures ; sous l'eau ils se meuvent en s'aidant de leurs ailes qui ne sont cependant pas transformées en parfaites rames comme nous l'avons vu chez le Manchot. Sous l'eau, les pattes servent de gouvernail. Certaines espèces d'Alcidés peuvent rester sous l'eau durant 2 minutes, même plus parfois, et atteignent des profondeurs de 30 m. La mer leur fournit toute la nourriture : invertébrés divers, poissons, crustacés, vers. La plupart des espèces ne pondent qu'un seul œuf soit simplement sur un rocher ou sur la terre, soit dans une lézarde, sous un roc, éventuellement dans un terrier qu'elles creusent à coups de bec et pattes. Les deux parents couvent et soignent les petits, qui quittent souvent le nid avant d'être capables de voler en se jetant dans les vagues ou sur le rivage du haut de leur rocher natals

229

230

Rares sont ceux qui se tuent alors, leurs plumes serrées et leurs aile, déployées leur servant de parachute. On a constaté à plusieurs reprises par baguage, leur fidélité à leurs nids. Dès qu'à l'âge de 2 à 4 ans ils deviennent matures, ils retournent vers leur Montagne à Oiseaux natale.

Macareux du Kamtchatka (229) a, comme quelques autres espèces d'Alcidés, un bec caractéristique, aplati latéralement et vivement coloré à la saison des amours. Niche sur les côtes pacifiques d'Asie et d'Amérique, jusqu'en Californie au Sud. Certaines de ses colonies dans la mer de Behring comptent des centaines de milliers de couples.

Lunda cirrhata

Macareux moine (230, 231)
Fratercula arctica
— son nom latin de « petit frère du Nord » lui va bien. Vraiment gentil et confiant — pour peu qu'il ne soit pas pourchassé. Niche soit dans des terriers peu profonds, soit dans des trous de rochers, plus profondément enfoncés, d'où l'on entend sa voix pareille à un beuglement de vache. Comme beaucoup d'oiseaux qui nichent dans les trous, il a des œufs d'une seule couleur, presque blancs. Eclosion au bout de 40 jours. Les parents nourrissent les petits durant 42 jours de petits poissons rapportés dans leur bec, 8 ou 10 à la fois. Puis les parents cessent de nourrir, et les petits se jettent à la mer où ils commencent leur vie indépendante sous l'œil attentif des parents. Niche seulement dans la partie

231

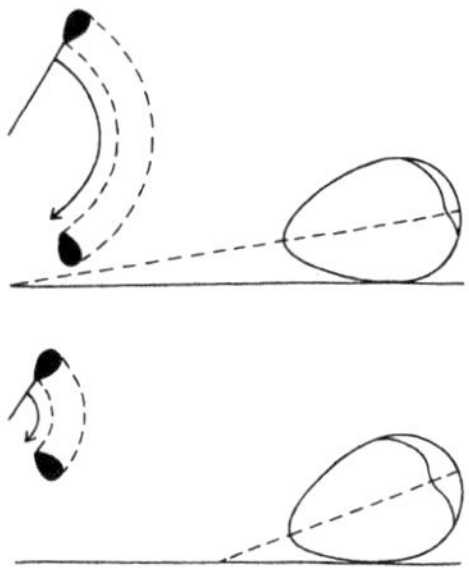

Rotation d'un œuf de Guillemot non couvé ou fortement couvé

233

Nord de l'Atlantique, sur les côtes européennes (jusqu'en Bretagne vers le sud), celles du Groenland et de l'Amérique du Nord. Se différencie des autres Alcidés, qui se tiennent sur les tarses, en se tenant debout sur les doigts.

234

235

Guillemot de Troïl (232, 233) a son aire de nidification dans l'Atlantique Nord (au Sud jusqu'en
Uria aalge

Bretagne) et dans le Pacifique Nord. Entre mai et juillet pond son unique œuf de teinte très variable sur une corniche rocheuse, sans la moindre garniture. Cet œuf a une forme bien caractéristique de quenouille, si bien qu'il ne roule pas quand l'oiseau le bouge, mais il pivote sur sa pointe. Cette forme, et la dureté extraordinaire de la coquille, est une adaptation à la nidification sur les étroites corniches rocheuses. Le Guillemot de Troïl revient sur la Montagne à Oiseaux à fin avril, les parades nuptiales s'exécutent tous ensemble. Les jeunes Guillemots quittent leur nid au bout de 25 jours et se lancent à la mer, tout en restant encore longtemps en compagnie de leurs parents.

Guillemot à miroir (234) installe parfois ses colonies nicheuses loin de la mer, mais à sa portée.
Cepphus grylle

Dans un trou sous un rocher ou dans une fente, la femelle pond 2 œufs. Aire de nidification dans l'Atlantique Nord et le Pacifique.

Petit Pingouin ou **Pingouin Torda** (235), parent plus petit du Grand Pingouin (*Pinguinus*
Alca torda

impennis), aux ailes non fonctionnelles, espèce éteinte. Le Petit Pingouin niche sur les côtes de l'Atlantique Nord et de l'océan Arctique. On connaît aussi des nidifications sur un lac intérieur (Ladoga). Les deux parents couvent de 35 à 36 jours leur unique œuf. Encore immature, à l'âge de 3 semaines, le petit se jette du nid à l'eau, en battant des ailes, et il est aussitôt dans son élément. Les Pingouins se nourrissent surtout de petits poissons qu'ils vont pêcher jusqu'à 20 km de leurs nids. C'est dans l'océan Pacifique Nord qu'il y en a le plus d'espèces. Nous en présentons deux, peu connues :

Alque huppé (236) des côtes Tchouktchtes, de l'archipel des Kouriles, des îles Aléoutiennes et
Aethia cristatella

Sakhaline. Sa nourriture principale est le crustacé. Nidifie en juin et pond un seul œuf.

Macareux pygmée (237) habite les côtes sud de la mer de Behring, les Kouriles, les îles du
Aethia pygmaea

Commandeur et les Aléoutiennes. Ces deux espèces n'appartiennent pas aux oiseaux de large répartition des Montagnes à Oiseaux.

236

237

Chapitre 16 NIDS BÂTIS HÂTIVEMENT

Mode d'alimentation des jeunes chez les pigeons

Sans doute aucune des 320 espèces de Colombiformes ne s'est jamais bâtie un nid convenable. Les Pigeons ne sont pas des bâtisseurs. Une partie d'entre eux nichent dans les creux, et leurs œufs (1 ou 2) sont blancs, comme la plupart des œufs d'habitants des trous. Comme les œufs des Pigeons qui nichent dans des constructions rudimentaires au faîte des arbres, à terre ou sur des rochers, sont également de couleur claire et sans dessin on suppose que le lieu de nidification des ancêtres des pigeons actuels, c'étaient des trous. Les plumes de pigeon sont plantées librement dans la peau et s'arrachent facilement. Chaque plume est pourvue dans sa partie inférieure de petites barbes duveteuses qui produisent une poudre fine. Celle-ci remplace la graisse de la glande uropygienne, atrophiée ou inexistante. Les pigeons sont surtout arboricoles, certaines espèces passent la plupart du temps au sol. Se nourrissent de fruits, graines, jeunes pousses. Nidicoles exemplaires : les petits éclosent aveugles, les parents les nourrissent de bec à bec, les petits plongeant leur bec mou dans celui des parents. Dans les premiers jours, c'est une sorte de lait fourni par le jabot, ensuite ce sont des graines ramollies. Les pigeons boivent l'eau sans relever la tête pour la faire descendre dans le gosier, comme le font les autres oiseaux.

Goura couronné (238) *Goura cristata* est avec ses apparentés de Nouvelle-Guinée le plus grand Pigeon vivant. Passe la plupart du jour à l'abri des arbres, au sol. Niche sur les arbres où il passe également la nuit.

238

239

Pigeon de Nicobar (239) vit dans les îles boisées du Pacifique oriental. Bon voilier. Cherche sa nourriture au sol, niche dans les arbres. De longues plumes effilées retombent sur le cou en camail.
Caloenas nicobarica

Colombar giouanne (240), l'une des nombreuses espèces de Pigeons fructivores, largement répandues dans les forêts tropicales et subtropicales. La couleur verte domine chez ces espèces. Ce Pigeon vert vit en Inde orientale et dans les îles de la Sonde.
Treron curvirostra

240

Carpophage bicolore (241), autre espèce connue de Pigeons fructivores. Comme les autres,
Ducula bicolor
descend rarement au sol, sa nourriture se trouvant sur les arbres. Avale entiers les petits fruits en ouvrant un large bec pour en remplir son volumineux gésier. Ce Pigeon aux couleurs contrastées est abondant dans les îles couvertes de forêts du golfe du Bengale jusqu'en Nouvelle-Guinée.

Tourterelle turque (242) habitait à l'origine l'Asie du Sud et la Chine, plus tard l'Asie Mineure
Streptopelia decaocto
et les Balkans. Surtout connue du fait de son expansion rapide à travers toute l'Europe au cours des 30 dernières années. Elle est maintenant courante dans les parcs et jardins. Elle fut signalée pour la première fois en Serbie en 1912, dans les années 30 elle gagnait la Hongrie, en 1938 entrait en Tchécoslovaquie, à Vienne en 1943, en 1946 nidifiait déjà en Allemagne, en 1949 en Hollande, en 1951 en Suède, en 1955 en Angleterre, en 1957 en Esthonie et en 1964 apparaissait en Islande. Cette avance a été observée par de nombreux ornithologues qui ont pu en dresser la carte détaillée, et où il apparaît que l'expansion s'est réalisée le long des principaux cours d'eau. Cette Tourterelle a avancé de 2.000 km, occupant ainsi quelque 2 millions de km carrés. On n'a encore constaté aucune autre expansion avienne de cette dimension et de cette rapidité. Cette expansion dans l'espace a permis à cette Tourterelle de se multiplier grandement. Dans des conditions favorables, elle niche jusqu'à cinq fois l'an, et même souvent dans les mois d'hiver. Elle n'est pas très exigeante sur son site de nidification. Niche sur les arbres et arbrisseaux, poteaux télégraphiques, encadrements de fenêtres etc. Son nid sommaire est fait de brindilles et de fétus, et si elle n'a rien d'autre à sa disposition, elle utilise même du fil de fer! Dans son territoire, on peut entendre sans cesse son roucoulement sur trois syllabes. En hiver, elles se rassemblent en grandes bandes, surtout en des endroits où elles trouvent une nourriture abondante, près des décharges publiques, des moulins, des élevages de volaille et des fermes.

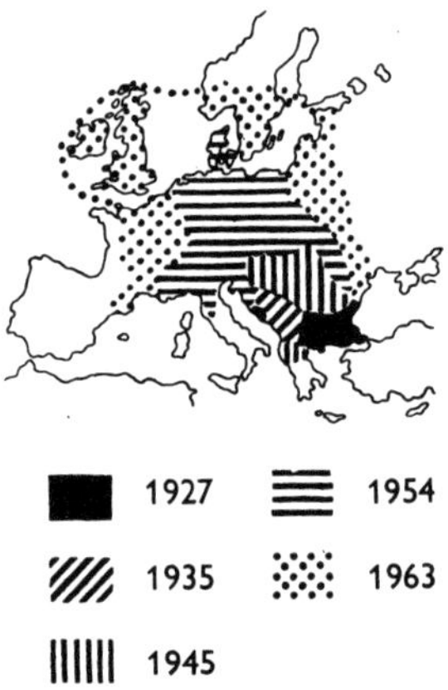

Progrès de l'expansion de la Tourterelle turque en Europe

Tourterelle des Galapagos (243) nidifie seulement dans les îles Galapagos, où elle bâtit son
Zenaïda galapagoensis
nid sur les arbres ou les rochers. Très confiante envers l'homme, au point

241

242

243

de se laisser tuer à coups de bâton ou de cailloux, au temps où elle abondait dans sa patrie, ainsi que le raconte Ch. Darwin.

Phaps huppé (244), petit pigeon australien souvent élevé comme oiseau d'ornement en captivité.
Ocyphaps lophotes Bâtit des nids sommaires dans les arbres. Couve durant 18 jours, en général c'est la femelle qui couve, et le mâle la remplace de temps à autre.

Tourterelle des bois (245), abondante dans les bois clairs d'Europe, d'une grande partie de
Streptopelia turtur l'Asie et d'Afrique du Nord. Les deux partenaires participent à l'édifi-

244

245

cation du nid qui est un modèle de simplicité : une mince couche de brindilles et de fétus installée dans les branches d'arbres et arbrisseaux, à travers laquelle on peut voir, d'en dessous, deux œufs. Au moment de la nidification, on voit le mâle roucouler en gonflant la gorge et baissant la tête, à proximité du nid.

Tourterelle du Sénégal (246) de même que la Tourterelle turque, manifeste une inclination à nicher dans le voisinage de l'homme dans son aire qui comprend l'Afrique et l'Asie centrale et méridionale.
Streptopelia senegalensis

Pigeon ramier (247), abondant dans les forêts d'Eurasie et d'Afrique du Nord. Le nid est négligemment établi au faîte d'un arbre, tout contre le tronc. Ce Pigeon niche 2 ou 3 fois par an et pond chaque fois 2 œufs blancs. Est devenu citadin en Europe occidentale au cours des dernières décennies. Niche souvent dans les parcs et jardins où il se promène sur l'herbe. Mais en Europe
Columba palumbus

246

247

centrale et septentrionale ainsi qu'en Asie, il reste un farouche oiseau des bois. En septembre et octobre, ils se rassemblent très nombreux et, par une journée claire d'automne, s'envolent vers le Sud-Ouest ou le Sud, où ils vont hiverner auprès de leurs congénères qui restent en permanence dans ces contrées. Les vols du Pigeon ramier se composent parfois de quelques dizaines de milliers d'oiseaux, en cours de migration ils tombent parfois sur les chaumes ou autres sources alimentaires, et y restent quelques jours. C'est un gibier de choix.

Pigeon de Guinée (248), espèce africaine parmi les plus répandues. Habite la savane et à l'orée des bois. Niche de novembre à avril, établit son nid à la cime d'arbres ou de buissons, simple assemblage de brindilles et herbes sèches.
Columba guinea

Ganga du Sénégal (249) habite les régions désertiques d'Afrique du Nord, d'Arabie d'où il va jusqu'en Inde.
Pterocles senegalus

248

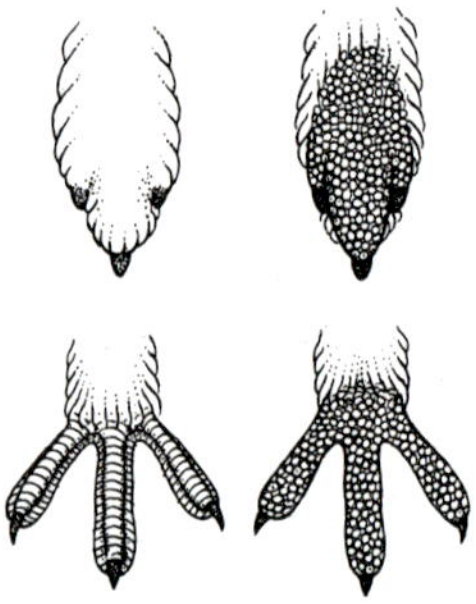

Patte de la Poule des steppes (en haut)
Patte du Ganga du Sénégal (en bas)

249

Ganga cata (250) nidifie dans le Nord de l'Afrique, dans la péninsule Ibérique, en Asie Antérieure et centrale. Son milieu vital est la steppe et le désert. Ses courtes pattes et souvent ses doigts sont emplumés, les doigts sont pourvus par en dessous de petites plaques cornées — sans doute une adaptation à la course sur le sable brûlant. Nidifuges, les petits picorent seuls dès leur naissance. Pond dans des trous au sol des œufs tachetés. Les parents apportent à boire de loin à leurs petits l'eau dont sont imbibées les plumes de leur ventre. Autrefois on croyait que le Ganga aspirait l'eau comme le Pigeon. On a toutefois constaté que la plupart des oiseaux de cette espèce boivent comme les autres oiseaux. La question de leur classification systématique dans l'ordre des Colombiformes reste assez controversée. Leur biologie et certains caractères anatomiques confirmeraient plutôt l'opinion nouvelle qu'ils seraient apparentés aux Limicoles.

Pterocles alchata

250

Chapitre 17 LES OISEAUX QUI PARLENT

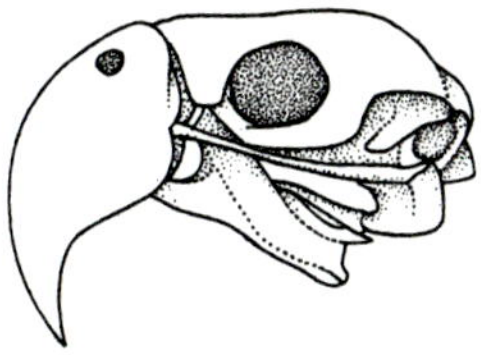

La mandibule supérieure des Perroquets est reliée au crâne par une articulation à rainure qui permet un mouvement limité

La capacité d'imiter la parole humaine n'est pas l'apanage d'un seul groupe d'oiseaux, mais chacun pense au Perroquet. Pourtant ce ne sont pas toutes les 326 espèces de Perroquets qui en sont capables ! Les Perroquets ne sont même pas les meilleurs parleurs. Ils ont une voix criarde, désagréable. Ils sont naturellement bons imitateurs de la voix d'autres oiseaux ou animaux ainsi que de bruits mécaniques. La parole humaine, seules quelques espèces élevées en captivité peuvent la reproduire, des individus en contact permanent avec l'homme. Le Jaco africain, le Cacatoès et l'Amazone ont acquis la meilleure réputation de parleurs, et certaines petites perruches australiennes manifestent de hautes capacités. L'intelligence et la mémoire de certains individus va si loin qu'ils peuvent utiliser certains mots ou groupes de mots dans une situation appropriée. Il s'agit alors d'une réaction orale à une circonstance inculquée. Les Psittacidés sont incapables de réflexion logique, quoique beaucoup de gens soient prêts à croire le contraire.

Les Psittacidés sont dans l'ensemble un groupe monolithique à bec crochu dont la partie supérieure est reliée au crâne par une articulation rayée, à pattes faites pour grimper, le 1er et le 4e doigt dirigés en arrière. En grimpant, ils s'aident de leur bec pour exécuter un rétablissement tandis que les pattes servent aussi à saisir la nourriture et la porter au bec. Ce bec est pourvu d'une langue épaisse et musclée qui est l'une des causes de leurs capacités d'imitation. Les Psittaciformes nichent pour la plupart dans les trous d'arbres, renfoncements, exceptionnellement au sol. Ils sont répandus dans les régions tropicales et subtropicales d'Australie, Amérique, Afrique, et dans la région Indo-Malaisienne.

251

252

253

Kéa (251) se distingue de la plupart des autres Perroquets par sa très longue mandibule supérieure
Nestor notabilis
et le fait qu'il vive surtout au sol. Se nourrit de plantes et de petites bêtes ; il habite la Nouvelle-Zélande. Les mâles sont polygames.

Cacatoès rosalbin (252), l'un des 17 Cacatoès d'ornementation, de taille moyenne, répandus des
Kakatoe roseicapilla
Philippines jusqu'en Australie et Tasmanie. A la différence de ses parents huppés, sa huppe est relativement courte, faite de plumes larges et plates. On le rencontre couramment dans les forêts au nord et à l'ouest de l'Australie. La femelle pond 4 à 5 œufs dans un trou d'arbre garni de feuilles. Les deux parents nourrissent encore longtemps les petits après l'éclosion.

Cacatoès de Leadbeater (253) avec un magnifique toupet en éventail de plumes écarlates
Kakatoe leadbeateri
bordées de blanc. Dans les forêts australiennes, se nourrit de graines et gratte racines et bulbes avec son bec assez petit. Niche de septembre à décembre, et pond 3 ou 5 œufs. Le couple revient à son même trou durant des années. Ce Cacatoès n'est pas très abondant même dans sa patrie et ne se rassemble pas en grandes bandes. Tout comme le rosalbin,

254

c'est un oiseau de volière en faveur. Les oiseaux capturés matures ne s'apprivoisent pas aussi aisément que les petits pris au nid.

Cacatoès à huppe blanche (254) habite les Molluques du Nord et centrales, et l'on connaît très peu de sa vie. Avec son bec puissant, il brise sans effort les plus dures coques de fruits qu'il cueille dans les arbres ou ramasse au sol. On dit son vol bruyant. La photographie montre sa mandibule supérieure rentrant dans l'inférieure, plus large, signe distinctif de tous les Cacatoès.

Kakatoe alba

Les Loris forment le groupe le plus bariolé des Psittacidés, ce qui en fait des oiseaux de volière favoris. Bec étroit et lisse, dépourvu dans sa partie supérieure de lames en dents de scie pour décortiquer les fruits durs, comme les autres Perroquets. Mange des choses molles, voire liquides, le bout de sa langue étant pourvu d'un petit pinceau de poils cornés qui peut s'imprégner du nectar des fleurs, du miel et du suc des fruits mous.

255

256

Loriquet orné (255), abondant dans son aire, les Célèbes et îles avoisinantes. Oiseau apprivoisé favori des indigènes.
Trichoglossus ornatus

Perruche turquoisine (256), l'une des sept espèces de petites perruches dites herbicoles, qui vit dans les terrains broussailleux et boisés du continent australien. Toutes les espèces ont un bec relativement petit ; elles picorent la nourriture au sol. Nichent dans les trous d'eucalyptus, très haut. Autrefois la turquoisine était très abondante en Australie orientale, devenue rare.
Neophema pulchella

Lori noir ou **à dos jaune** (257), un autre oiseau de volière, du groupe des Loris. Se nourrit également de nectar et de pollen de fleur de préférence.
Domicella garrula

257

Perruche ondulée (258) est sans conteste l'espèce la plus souvent élevée. Sa forme sauvage vit
Melopsittacus undulatus encore en grandes quantités au centre de l'Australie, elle est de couleur jaune-vert et vert herbe avec des ondes noires. Importée en Europe en 1840, depuis lors les éleveurs ont fait des croisements d'où résultent surtout des perruches bleu et jaune. Dans la nature, mange des graines d'herbacées des steppes ; hors l'époque des nids, se déplace d'une région à l'autre en bandes énormes à la recherche de nourriture. Peu exigeante en captivité, elle a une voix moins désagréable que les grandes espèces. Certains individus s'apprivoisent, apprennent à dire des mots ou mêmes des phrases, chose charmante chez de si petites bêtes. Niche dans les trous d'arbres, souvent en nombreuses compagnies.

Petit Vasa (259) du groupe des Psittacinés à queue épointée, l'une des rares espèces de couleur
Coracopsis nigra inattendue, brun-noir. Habite Madagascar, d'où elle est retrouvée, relativement rare, dans certains jardins zoologiques. Vit collectivement dans les arbres et semble ne pondre que 2 œufs.

Perruche souris (260) n'est pas la belle d'entre les belles, parmi les perruches, avec ses teintes
Myiopsitta monachus vert de gris, mais son mode de nidification est bien particulier. Dans les forêts du Sud du Brésil, du Nord de l'Argentine et de Bolivie, un grand nombre de couples se rassemblent pour nidifier dans un grand nid commun établi à la cîme d'un arbre, et qui, fait de branches, peut avoir 3 m de diamètre. Chaque couple y occupe son petit logement avec entrée particulière. Ces Perruches utilisent ces nids durant des années, pour nicher et aussi pour dormir. Après la nidification, elles se rassemblent en grandes bandes et causent alors parfois de grands dommages dans les plantations sud-américaines.

259

260

261

262

263

Perruche de Derby (261) du genre de 12 espèces d'Alexandre à longue queue répandues en
Psittacula derbyana
Afrique et en Asie. Habite les régions les plus chaudes de la Chine du Sud-Ouest, d'où elle pénètre jusqu'aux pinèdes et bosquets de rhododendrons du Tibet, à plus de 3.000 m d'altitude. Se nourrit de graines d'herbacées et d'arbres.

Perruche de Pennant (262), représentante caractéristique des Perruches à queue plate vivant
Platycercus elegans
en 7 espèces dans les régions steppiques d'Australie, où elle abonde dans l'Est et le Sud-Est, jusque dans les parcs des villes. Pond 5 à 8 œufs dans les trous d'arbres.

Inséparable masquée (263) — cette espèce apporte les matériaux pour bâtir le nid dans son bec
Agapornis personata
(fétus, branchettes, bribes d'écorce) tandis que les autres espèces se les fichent dans les plumes du coccyx et du dos, puis se secouent dans le trou. Notre photographie montre la race d'Inséparable *Agapornis personata fischeri* vivant en Tanzanie orientale. Les Perruches de la famille *Agapornis* sont parmi les préférées des amateurs d'oiseaux de volière pour leurs belles couleurs vertes, leur petite taille et leur gentillesse. Les couples de ces Perruches à tête relativement grosse sont très fidèles dans la nature comme en captivité. Quand elles ont peur, elles se serrent en rang sur

264

une branche, les unes à côté des autres. Elles nichent surtout dans les cavités, mais certaines espèces se bâtissent des nids sphériques.

Amazone à front bleu (264), verte dans l'ensemble, avec une tête jaune et le front bleu, souvent
Amazona aestiva aussi élevée en captivité. Provient des forêts brésiliennes. Comme les 25 autres espèces d'Amazones, elle grimpe fort bien, mais est maladroite en vol ou au sol.

Perroquet gris ou **Jacquot** (265) est loin d'être une beauté : dos gris clair et queue rouge. Connu
Psittacus erithacus cependant pour ses capacités exceptionnelles de parleur. En des mains patientes, il apprend des dizaines de mots et phrases. Vit couramment 50 ans en captivité. Dans la nature, la nidification se fait à la saison des pluies, puis les oiseaux se rassemblent en troupes très bruyantes. On ne connaît pourtant pas de cas où, sauvage, il ait imité d'autres créatures. Habite la forêt africaine dans la région entre la Guinée, l'Angola et le lac Victoria.

265
266

267

268

269

Ara macao (266) de la famille des plus grands perroquets, les *Aras*. Chaque espèce a sa belle
Ara macao coloration particulière, toutes ont une longue queue pointue, certaines allant jusqu'à un mètre. L'Ara macao habite la zone tropicale de l'Amérique du Sud jusqu'au Mexique.

Ara militaire (267) habite les plaines boisées et les montagnes du Mexique, de la Colombie,
Ara militaris et du Pérou. Reste par petits groupes, niche dans des trous d'arbres et pond 2 œufs.

Ara ararauna (268) habite les bois et forêts vierges de l'Argentine du Nord jusqu'à Panama.
Ara ararauna Son bec puissant décortique fort bien les fruits les plus durs — tout comme les autres Aras. Il scie d'abord au même endroit la coque dure, avec le bord de sa mandibule supérieure. La noix la plus dure n'y résiste pas. C'est l'espèce le plus souvent élevée en captivité.

Ara hyacinthe (269) se distingue nettement par son visage emplumé, couleur bleu cobalt et sa
Anodorhynchus hyacinthinus taille exceptionnelle (980 mm). Vit par couples ou par petits groupes au Brésil central et oriental, et, comme ses apparentés, se nourrit de fruits et de petits animaux, sa préférence allant aux noix de palme. Niche dans des terriers qu'il se creuse grâce à son bec. Pond 2 ou 3 œufs. Les petits éclosent au bout de 25 à 28 jours et quittent le nid à l'âge de 3 mois environ. Espèce de valeur chez les éleveurs, en égard à ses brillantes couleurs. Ses capacités de parleur ne sont cependant pas formidables.

Dans les jardins zoologiques où l'on élève quelques espèces d'Aras, on se soucie toujours de présenter des couleurs étranges et variées.

Chapitre 18 UNE PETITE TRIBU SUR LE CONTINENT NOIR

Aire de répartition du Coliou ou Oiseau-souris

En Afrique, la riche nature héberge toute une série d'oiseaux qui ne se retrouvent sur aucun autre continent, et cela surtout au Sud du Sahara. C'est là, à la lisière des forêts, dans la végétation des bords de rivières que l'on peut trouver le Coliou, appelé aussi Oiseau-souris à cause de sa rapidité à courir et grimper. Les six espèces sont pourvues d'une huppe qu'elles dressent dans la colère, et leur très longue queue dépasse la longueur de leur corps. Grises ou brunes, elles trottinent dans les buissons, sautent au sol ou dans les branches basses, telles des souris. Le Coliou a des caractères bien particuliers dans sa structure et dans sa biologie. Signe morphologique, la construction du pied, où le 1er et le 4e doigt peuvent se tourner devant comme derrière. Pour grimper et se suspendre — et en cela le Coliou est maître — tous les doigts sont dirigés vers l'avant ; pour se déplacer sur les branches, il y a deux doigts en avant et deux doigts en arrière. Le jeune Coliou, en comparaison avec les oiseaux de même taille, est très petit. Il ne pèse qu'environ 2 grammes frais éclos, et n'atteint toujours que la moitié de la taille de ses parents au moment où il quitte son nid en forme de panier. En égard à ces particularités et

271

quelques autres, on a rangé les Colious dans un ordre à part, celui des *Coliiformes*. Se nourrissent de graines et de fruits, éventuellement d'insectes.

Coliou à nuque bleue (270) est le plus long de toute la famille, il mesure 350 mm. Niche dans le bush au centre de l'Afrique. On peut l'élever en captivité, mais c'est un oiseau qui aime la société et il faut en avoir plusieurs individus dans une volière.
Colius macrourus

Coliou barré (271), répandu du Nigéria jusqu'à l'Ethiopie. Habite des régions où il y a des forêts, des savanes et des montagnes jusqu'à l'altitude de 2.000 m. Comme les autres colious il vit en sociétés, et niche en petites colonies.
Colius striatus

Chapitre 19 LES OISEAUX APPARENTÉS AUX COUCOUS

Pondre ses œufs dans le nid des autres et les laisser aux bons soins des hôtes, c'est un fait bien connu à propos du Coucou gris, le *Cuculus canorus*. L'homme a étendu cette particularité à tous les Coucous. En fait, toute la parenté des Coucous (ordre des *Cuculiformes*) dans laquelle on range 130 espèces est à cet égard très diversifiée. La nidification parasitaire est le fait de 50 espèces. Par exemple le Coulicou à bec jaune (*Coccyzus americanus*) niche comme il se doit, et ne pond dans un nid étranger que de temps en temps. Les autres espèces vivent en couples réguliers, se bâtissent un nid et élèvent ensemble leur progéniture. Une exception intéressante, celle des Coucous *Crotophaga*, oiseaux vivant en société en Amérique du Sud, chez lesquels les femelles pondent dans un nid commun, les mâles alternent tous pour couver la soixantaine d'œufs et s'occuper ensuite des petits. La nidification parasitaire n'est pas non plus le fait des seuls Coucous. On en connaît des cas parmi les Etourneaux, les Guêpiers et les Tisserins, voire chez certaines espèces de Canards.

Comme traits communs, au point de vue de l'aspect extérieur, les Coucous ont des pattes préhensiles, comme les Perroquets ils ont deux doigts tournés vers l'avant et deux vers l'arrière. Tous ont une longue queue étagée. A une seule exception près ils vivent en solitaires, beaucoup d'espèces ont la même sorte de cri. Ils ont une inclination peu courante vers les bestioles « dégoûtantes » que les autres oiseaux évitent, comme par exemple les chenilles velues.

272

Réflexe du jeune Coucou de jeter par-dessus bord l'œuf de son hôte

273

274

Coucou des Indes (273) espèce extrême-orientale qui, comme le Coucou gris, pond ses œufs
Cuculus micropterus dans le nid de petits oiseaux chanteurs.

Coucou gris (272, 274), répandu dans toute l'Europe, l'Asie et l'Afrique, adapté de plusieurs
Cuculus canorus manières à la nidification parasitaire. Pond de petits œufs, qui ont jusqu'à vingt types de coloration pour ressembler à ceux des oiseaux-hôtes, allant de l'œuf bleu uni du Rouge-queue à front blanc à l'œuf très tacheté du Bruant des roseaux. Comme le Coucou pond de préférence dans le nid d'une espèce où il a été lui-même élevé, on peut parler de « traits biologiques » de Coucous Bergeronnette, Rouge-queue, Pie, etc. Chez quelques espèces de Coucous qui pondent dans le nid d'oiseaux plus grands et dont les petits sont élevés en même temps que ceux des oiseaux-hôtes (par ex. le Coucou-geai *Clamator glandarius*), l'œuf est assez grand pour qu'à l'éclosion le petit Coucou soit pareil aux petits des hôtes. Malgré toutes ces précautions, beaucoup d'oiseaux abandonnent leur nid dès que celui-ci a été visité par le Coucou, ou cessent de

275

nourrir même leur propre progéniture. Comme ces pertes sont notables, la femelle Coucou pond jusqu'à 25 œufs sur une saison.

Touraco d'Abyssinie *Tauraco leucotis* (275) de la famille des *Musophagidae* comportant 18 espèces, allant de la taille d'une Pie à celle d'un Corbeau, est répandu seulement sur le continent africain. Parent des Coucous, il a aussi une parenté lointaine avec certains gallinacés comme l'Hoazin en particulier. Le Touraco d'Abyssinie vit dans les forêts d'Ethiopie et de Somalie, dans les arbres. Comme tous les membres de sa famille il se nourrit de végétaux, fruits divers, pousses et bourgeons. Dans la parade nuptiale, accompagnée de cris aigus, le mâle déploye ses ailes, faisant admirer ses magnifiques rémiges rouge carmin. Ces rémiges sont colorées par la touracine, qui teinte même l'eau où les oiseaux se baignent. Dans le nid, assemblage de brindilles négligemment installé dans les branches, la femelle pond seulement 2 œufs ronds, d'un jaune sale. Le petit naît tout couvert d'un épais duvet sombre, il est nourri par ses parents.

Chapitre 20 LES CHOUETTES, CHASSERESSES DE LA NUIT

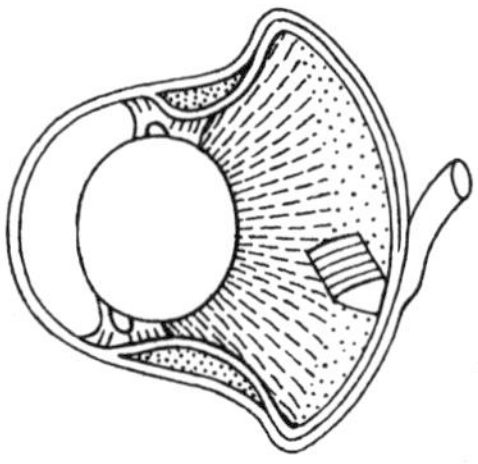

Coupe schématique de l'œil de la Chouette

Leur vie cachée, qui se passe surtout dans l'obscurité nocturne, leur voix étrange et effrayante, leurs grands yeux fixes ont suscité chez l'homme une curiosité particulière envers cet oiseau, mais surtout beaucoup de légendes et superstitions. Les Chouettes peuvent chasser la nuit, grâce à une vue et une ouïe pénétrantes. Leurs grands yeux téléscopiques, munis d'un système parfait de mise au point, avec leur pupille sphérique qui peut capter et concentrer le moindre rayon de lumière sur la rétine, faite d'un nombre énorme de cellules optiques, sont le comble de la perfection dans le monde animal. Les Chouettes peuvent voir dans une obscurité presque complète et à travers le brouillard, et de façon stéréoscopique, en profondeur comme l'homme, grâce à l'emplacement rapproché de leurs yeux. Leur ouïe, très sensible, est protégée contre les ondes sonores trop fortes par un clapet de peau au bout du conduit auditif. Pour écouter des sons ténus, elles s'aident de la fraise conique de fines plumes qui leur couvre le visage et qui sert de réflecteur sonore. Les ouvertures auriculaires débouchent derrière les yeux, et les oreilles de plumes sont, chez beaucoup d'espèces, uniquement ornementales. Leurs plumes duveteuses leur permettent un vol silencieux qui surprend

276

277

les proies, pour la plupart de petits rongeurs. Dans les années de disette, les Chouettes pondent moins ou pas du tout d'œufs. C'est pourquoi elles méritent d'être entièrement protégées, en tant que régulatrices biologiques de grande valeur. Les Chouettes (Strigidés) forment un groupe monolithe de 140 espèces qui ne forment que deux familles.

Chouette effraie (276), *Tyto alba* typique habitante des clochers et des vieux greniers, répandue dans toute l'Europe sauf la Scandinavie, dans le Sud de l'Asie, dans toute l'Afrique, dans la région chaude de l'Amérique du Nord, en Amérique du Sud et en Australie. Dans les années abondantes en souris, niche deux fois et élève plus de 10 jeunes, souvent tard dans l'automne. Se nourrit presque exclusivement de campagnole. Comme la plupart des Chouettes elle est sédentaire, ne s'éloigne que dans sa jeunesse, ou alors par manque de nourriture.

Chouette Hulotte (277) ou **Chat-Huant** *Strix aluco* espèce courante dans toute l'Europe sauf le Nord, en Asie centrale et en Afrique du Nord. Habite aussi bien les forêts de plaine ou de montagne que les parcs et jardins. Niche très souvent. Pond 2 à 4 œufs sphériques, de préférence dans les trous d'arbres. Chasse les petits mammifères de la taille du surmulot, parfois des oiseaux ou même des poissons.

Chouette lapone (278) *Strix nebulosa* remplace la Chouette Hulotte en Scandinavie et dans la région septentrionale de l'Asie ; elle est la plus répandue dans les régions froides de l'Amérique du Nord. Vit dans les bois de conifères où elle s'installe dans les anciens nids de rapaces.

278

280

281

Chouette des terriers (279), drôle de Chouette pattue, ressemblant fort à la Chouette chevêche,
Speotyto cunicularia vit dans les prairies, au Sud-Ouest de l'Amérique du Nord et en Amérique du Sud. Niche dans les terriers de mammifères. Court fort vite. Capture ses proies, petits mammifères, lézards, serpents, grenouilles et insectes en volant en rase-mottes ou à la course.

Chouette de Tengmalm (280), exclusivement nocturne, elle vit dans les grandes forêts de coni-
Aegolius funereus fères ou les forêts mixtes de la zone boréale d'Europe, et en Europe centrale dans la montagne seulement. Niche souvent dans les vieux trous creusés par le Pic noir. La femelle couve seule.

Chouette chevêche (281) a des mouvements rapides et saccadés, et adore jouer. Vit
Athena noctua à proximité des lieux habités, dans les allées de vieux arbres et les jardins.

282

283

284

Chasse les petits mammifères mais aussi les insectes et limaces, souvent encore à la lumière du jour. Répandue en Eurasie tempérée, dans la région de l'Amour, en Corée, et aussi en Afrique du Nord.

Chevêchette de Cuba (282) du genre de 11 espèces de toutes petites Chouettes vivant isolées dans tous les continents sauf l'Australie. A peine de la taille d'un étourneau, la Chevêchette est limitée à Cuba. Toutes les Chevêchettes ont beaucoup de caractères communs. Très rapaces, elles chassent couramment le jour ; leurs proies principales sont des mammifères et des oiseaux. Osent s'attaquer à des oiseaux de leur propre taille. A la saison des nids, ou pour la mauvaise saison, elles font des provisions. Très actives, elles ont une façon particulière d'agiter la queue d'un côté à l'autre quand elles sont excitées. Elles émettent toute une gamme de sons, allant d'un sifflement monotone « djoub » à une sorte d'aboiement furieux. Quand elle couve, la femelle n'est pas très farouche, et elle observe tranquillement du fond de son trou celui qui s'en approche. Pendant le nourrissage, elle tient propre le creux du nid, rejetant dehors tous les détritus. Les petits sont nourris avec les provisions, toutes les quelques heures, même pendant le jour. Ils quittent le nid encore incapables de voler, restant alors quelques jours à proximité.
Glaucidium siju

Chouette de Woodford (283), la plus répandue des Chouettes forestières dans toute l'Afrique, au Sud du Sahara. Vit dans la forêt vierge le long des cours d'eau et les fourrés à feuilles persistantes, pourvu qu'ils soient à proximité de l'eau. Atteint l'altitude de 2.000 mètres. Outre les petits mammifères, chasse volontiers au vol les gros insectes.
Strix woodfordii

285

286

Chouette de l'Oural (284) est répandue, depuis l'Europe orientale jusqu'au Japon, en passant
Strix uralensis par toute la partie boisée de l'Asie. En Europe centrale, a une aire d'expansion dans les Carpathes, et niche sporadiquement dans les Alpes orientales. Rappelle le grand Chat-Huant, mais a une très longue queue. Comme la Chouette Hulotte, on la rencontre sous deux coloris, gris et brun foncé. La femelle au nid est très audacieuse, et n'hésite pas à attaquer l'homme. Se nourrit principalement de petits rongeurs.

Hibou-pêcheur brun (285) du groupe de 4 espèces de Chouettes proches parentes des Grands-
Ketupa zeylonensis Ducs, spécialisées dans la capture du poisson. Ont les doigts nus, les tarses très peu emplumés, et des excroissances cornées, acérées sous les doigts, qui leur permettent de maintenir les proies glissantes. A peu près de la taille du Grand-Duc, de couleur brune légèrement rayée, il a de longues oreilles. Vit en Asie, depuis la Syrie et l'Irak jusqu'en Chine méridionale en traversant l'Inde, et au Nord va jusqu'à la mer d'Okhotsk. Pêche poissons, écrevisses, crabes et grenouilles dans les ruisseaux et les bords des rivières en barbotant et en flairant, depuis le crépuscule jusqu'à la nuit. Niche dans divers creux d'arbres, sous des rochers voûtés, et aussi dans d'anciens nids de rapaces sur les arbres.

Grand-Duc africain (286) petit hibou de 45 cm de haut, très tacheté, dont quelques races
Bubo africanus s'étendent sur tout le continent africain sauf le Nord-Ouest et le Sud de l'Arabie. On le trouve dans les forêts et le bush aride et dans la steppe boisée. Toute la famille *Bubo* est très florissante, il y en a 10 espèces formant plus de 60 sous-espèces éparpillées dans le monde entier sauf l'Australie.

Chouette Harfang (287) habitant circumpolaire de l'Arctique, en Europe ne niche qu'au Sud
Nyctea scandiaca de la Scandinavie centrale. Habite la toundra non boisée. Comme les autres Chouettes nordiques, c'est un oiseau diurne. Niche sur le sol nu où elle se creuse un trou peu profond. Se nourrit surtout de lemmings. Dans les années défavorables, pour autant qu'elle niche elle ne pond que 3 ou 4 œufs, dans les années abondantes en lemmings elle en pond de 6 à 9. Une partie de ces oiseaux va hiverner plus au Sud.

Hibou Grand-Duc (288, 289), le plus grand Hibou vivant dans presque toute l'Asie, l'Europe
Bubo bubo et l'Afrique du Nord. A été exterminé dans beaucoup de pays d'Europe centrale. Habite les régions boisées des plaines et des montagnes où il niche volontiers dans les rochers, parfois aussi dans d'anciens nids de rapaces. Les couples vivent en union durable et reviennent nicher au même endroit durant des années. Par hivers doux commence très tôt à nicher, souvent même dès la mi-février. Pond 2 à 4 œufs sphériques à surface granuleuse. La femelle, qui couve seule, est très sensible à tout dérangement et abandonne facilement le nid. Le mâle lui apporte la nourriture à un endroit déterminé où elle va la chercher. En arrivant, le mâle s'annonce de son typique « ouh, ouhh ! » et la femelle lui répond d'un cri grinçant « krank ! ». A leur menu, on trouve surtout mulots, rongeurs, surmulots, écureuils, hérissons et lapins sauvages, voire de jeunes lièvres, faisans et perdrix. Dans les régions lacustres le Grand-Duc chasse des oiseaux aquatiques, Grèbes, Foulques et Canards. Chasse uniquement la nuit. Mérite d'être pleinement protégé comme relique naturelle.

287

288

289

290

291

Hibou Petit-Duc ou **Scops** (290) de la famille des petits Hiboux à aigrettes vivant dans le monde entier sauf en Australie, sous 22 espèces et de nombreuses races. Le Scops est originaire de Malaisie, d'Irak et d'Iran. De tous les Hiboux de petite taille, il a la coloration la plus claire et il est rayé. Tous sont des nocturnes et se nourrissent presque exclusivement d'insectes.
Otus brucei

Hibou Moyen-Duc (291), l'un des Hiboux les plus abondants, répandu dans toute la zone tempérée d'Europe, d'Asie et d'Amérique du Nord, qui préfère les champs et prairies entourés de petits bois éparpillés. Ne bâtit pas de nid, et utilise le plus souvent les nids de corbeaux, pies et écureuils. Chasse presque exclusivement le mulot, et dans les années où il abonde niche souvent une deuxième fois à la fin de l'été. Pond de 4 à 7 œufs, la femelle couve avec zèle et le mâle se repose un peu plus loin. S'ils sont dérangés, les deux parents volent autour de l'intrus en agitant les ailes et en ululant. En cas d'abondance de mulots en un endroit, à l'automne et en hiver, quelques dizaines de Moyen-Ducs se rassemblent là. Ce Hibou chasse la nuit ou au crépuscule, mais en hiver et en cas de disette, chasse également le jour. De nombreux baguages ont prouvé le déplacement d'une partie des oiseaux d'Europe centrale vers l'Europe occidentale, à l'automne, et celui des populations du Nord-Est vers l'Europe centrale.
Asio otus

Hibou des marais ou **Hibou brachyote** (292, 293), largement répandu en Europe, Asie, Amérique du Nord et du Sud. Au nord, vit dans la toundra, dans les régions plus méridionales dans les prairies humides, les friches et les semi-steppes pourvu qu'elles soient à proximité de terrains marécageux. Niche toujours au sol, et est le seul Hibou à apporter des matériaux de construction, divers débris végétaux. Change d'aire de nidification selon qu'il y a ou non des mulots. Dans les années d'abondance de mulots, souvent plusieurs couples nichent à proximité les uns des autres, et ils nichent jusqu'à très tard dans l'automne, voire en hiver. La femelle pond 8 à 10 œufs et couve à partir du premier œuf pondu, c'est pourquoi il y a une nette différence dans la croissance des petits.
Asio flammeus

292

293

Chapitre 21 LES MYSTÉRIEUX VOLS DE NUIT

Engoulevent d'Europe faisant du vol sur place à proximité d'un danger qu'il surveille

Quand on parle d'oiseaux de nuit, tout de suite on pense aux chouettes. On oublie que beaucoup d'oiseaux vivent le soir et la nuit, et parmi ceux-là vient au premier rang la grande famille des Engoulevents. On trouve dans toutes les parties du monde des représentants de ce grand ordre de 5 groupes et 86 espèces, mais surtout dans les tropiques. Certaines espèces parviennent dans les zones tempérées, mais pas dans le Nord. Par certains caractères, l'Engoulevent rappelle la Chouette : vie nocturne, grands yeux, plumes hérissées. La livrée gris-brun, avec des dessins couleur d'écorce d'arbre, est une bonne protection de ces oiseaux qui dorment le jour cachés quelque part. Par d'autres caractères, l'Engoulevent rappelle un autre groupe d'oiseaux chassant également les insectes au vol : celui des Martinets. Tête aplatie, longues ailes étroites, petit bec court mais largement fendu jusque sous les yeux. A la racine du bec il a de longues vibrisses, organes tactiles, qui l'aident à capturer les insectes au vol, dans l'obscurité. Tout comme le Martinet, il a des pattes courtes aux tout petits doigts. De nombreuses espèces d'Engoulevents se posent sur une branche dans le sens de la longueur, au contraire des autres oiseaux qui s'y posent de travers. C'est que leurs tout petits doigts ne peuvent serrer les branches un peu grosses. La couvaison se fait alternativement par les deux partenaires, durant un temps relativement court : 18 à 21 jours. Les petits voient à la naissance, sont couverts d'un duvet ondulé, et au bout de quelques jours courent autour du nid sur leurs courtes pattes. Certaines espèces ont des parades nuptiales intéressantes, qu'elles accompagnent de cris très impressionnants dans le silence de la nuit. Il n'est pas étonnant que cette vie nocturne, ces apparitions mystérieuses, ces vols silencieux et souvent ces cris effrayants n'aient pas donné à l'Engoulevent une bonne réputation, alors qu'il est complètement inoffensif.

La famille des Engoulevents (Caprimulgidés) est la plus nombreuse de l'ordre des *Caprimulgiformes*. Elle compte 68 espèces dont la plupart vivent dans les tropiques.

295

Engoulevent d'Europe (294, 295), oiseau forestier des zones tempérées d'Asie et d'Europe, où
Caprimulgus europaeus
il arrive jusqu'en Norvège et au Sud de la Suède. Préfère les forêts chaudes et sèches des plaines. Oiseau migrateur qui revient assez tard de son hivernage africain. La forêt retentit alors, au crépuscule, du cri étrange des mâles, long grognement monotone différencié en strophes graves et aiguës. Une autre phase de la parade nuptiale se passe dans les airs, l'oiseau bat au-dessus de son dos de ses ailes étroites, faisant retentir un bruissement difficilement définissable. Dans un trou peu profond et non garni, au sol, la femelle dépose deux œufs gris tachetés invisibles parmi les feuilles sèches. Le mâle participe peu à la couvaison, par contre les soucis commencent pour lui lorsqu'au bout du 18e jour apparaissent les petits couverts d'un duvet sombre, qu'il nourrit d'insectes vivants volant encore. Il arrive que l'Engoulevent niche deux fois l'an. Les parents défendent leurs petits contre les intrus en sifflant, ailes hérissées, ou tentent de détourner leur attention en feignant d'être blessés. La courbe de leur température est remarquable : elle marque 35—39° durant le jour, quand ils restent tranquilles, et monte de 2 à 3 degrés le soir, quand augmente leur activité. Quand les intempéries durent longtemps, l'Engoulevent s'endort de faim, il reste figé complètement, l'assimilation se ralentit, et sa température descend jusqu'à rejoindre à peu près celle du milieu ambiant. C'est un phénomène assez rare parmi les oiseaux, quoique pas unique.

Engoulevent indien (296) plus grand que le précédent, et plus sombre. Habite l'Asie du Sud-Est
Caprimulgus indicus
et du Sud, où il est assez abondant à l'orée des bois. Va parfois chercher sa nourriture jusque dans les villages.

296

Guacharo de Caripé (297) n'a pas les plumes aussi fines que les autres Engoulevents, et s'en
Steatornis caripensis

différencie aussi biologiquement. C'est pourquoi on l'a rangé dans une famille à part, celle des Steatornithidés. Il ne se nourrit pas d'insectes, mais de fruits. Habite les régions au Nord de l'Amérique du Sud, dans des grottes profondes, où il bâtit sur un rebord de rocher son énorme nid fait de fiente mélangée à des noyaux de fruits. Elève au nid 2 à 4 petits qui restent 3 à 4 mois dans leur grotte obscure. Nourris de fruits oléagineux, au bout de 70 jours les petits sont si gras qu'ils dépassent de moitié

297

le poids de leurs parents. C'est alors que les Indiens les prennent au nid pour prendre la graisse dont ils ont une forte couche sous la peau du ventre, et s'en servir dans la préparation culinaire. Les colonies nicheuses se trouvent parfois sur des centaines de mètres d'espace souterrain. Comme la chauve-souris, l'Engoulevent émet des sons aigus, courts, qui ne sont cependant pas ultra-courts, et s'oriente en percevant l'écho de ces sons.

Grand Podarge (298), *Podargus strigoides* le plus connu de la famille des Podargidés, est un grand Engoulevent d'Australie et de Tasmanie. Le Podarge chasse au vol exceptionnellement, il prend sa nourriture surtout sur les arbres. Il prend aussi de gros insectes et de petits vertébrés au sol. Le jour, il reste sans bouger à la cime d'un arbre, et ne se réveille qu'au crépuscule. Alors, et parfois même durant toute la nuit, on peut entendre sa voix grondante sur deux syllabes. Ses ailes sont courtes, et il n'est pas très bon voilier.

298

Chapitre 22 LES CHAMPIONS DU VOL

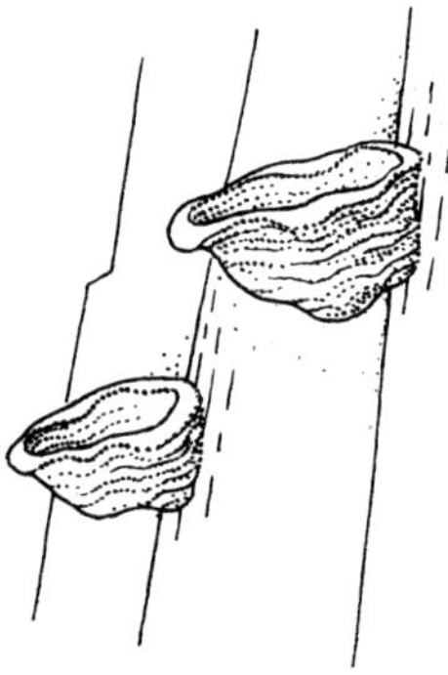

Nid de Salangane, bâti avec de la salive durcie

Nous évaluons les performances voilières des oiseaux selon certains critères. A l'exception du vol à voile, plané, et des vols à grande distance, ceux qui détiennent les records de vitesse, de souplesse et d'endurance sont les divers membres de l'ordre des *Apodiformes*. On trouve dans cet ordre deux groupes complètement contraires : les Martinets et les Colibris. Pourtant tout en ayant des modes d'alimentation et de nidification différents, ils ont des caractères communs dans leur structure. Même construction des ailes avec un court os d'épaule et une très longue barre alaire. Les pattes des Apodiformes sont courtes, leurs muscles faibles, ni le Martinet ni le Colibri ne s'en servent pour courir.

Les Martinets (famille des Apodidés et des Hemiprocnidés) nous surprennent par la rapidité de leur vol, avec leurs longues ailes étroites en forme de faucille. C'est eux qui ont les ailes les plus longues en proportion de leur corps. Leur bec court, largement fendu, rappelle celui de l'Engoulevent, et eux aussi happent les insectes au vol. Les Martinets ont de fortes glandes salivaires qui enflent encore au moment de la nidification. Ils pondent de 1 à 6 œufs, les deux parents couvent et nourrissent. Leur coloris est simple, avec dominance de tons gris, noir et brun. Ils sont répandus sous 77 espèces pour ainsi dire dans le monde entier, et une seule espèce dépasse le cercle polaire.

Martinet noir (299, 301) *Apus apus* est si parfaitement adapté à évoluer dans les airs que c'est là qu'il trouve sa nourriture et celle de ses enfants, c'est en volant qu'il happe les maté-

299

riaux de construction pour son nid, et il s'accouple même en vol. Ses courtes pattes aux quatre doigts dirigés vers l'avant ne conviennent qu'à se suspendre aux rochers, corniches, troncs d'arbre. A l'origine le Martinet ne nichait que sur les rochers et les arbres, mais maintenant il préfère surtout le voisinage des habitations humaines. Son nid fait de plumes et divers fins végétaux est cimenté avec sa salive qui durcit à l'air. Au bout de 18 jours les œufs d'un blanc pur donnent naissance aux oisillons. Si la nourriture vient à manquer par suite d'intempéries prolongées le Martinet entre dans un état de léthargie, sa température baisse et l'assimilation se ralentit. Le cas se présente souvent chez les jeunes, car leurs parents, capables de vitesses de 160 km/h et de grande endurance, vont parfois très loin pour chasser. Le Martinet noir est répandu par toute l'Europe, l'Afrique nord-occidentale et en Asie jusqu'au-delà de la Mandchourie. Le Martinet européen hiverne en Afrique, au Sud du Sahara.

Les plus rapides d'entre tous les oiseaux se trouvent parmi les Martinets à queue épineuse qui doivent leur nom à leur longue queue qui dépasse les rectrices. Ils s'appuient dessus quand ils se suspendent aux troncs d'arbres ou aux rochers. Il en existe une cinquantaine d'espèces dans les tropiques.

Martinet à queue épineuse (300) niche au Sud et à l'Est de l'Asie. Bâtit dans un trou d'arbre une base de nid avec de la mousse, des poils collés avec de la salive, et dépose ses 3 à 7 œufs dedans, sans garniture de fond.
Hirundapus caudacutus

C'est à cette famille qu'appartient la Salangane bien connue, de l'Indonésie et de l'Asie du Sud. Elle niche dans les cavernes côtières, en accolant son nid fait de salive figeant à l'air, contre les parois rocheuses.

300

301

302

Le Continent américain est riche en espèces de Colibris

Les Colibris (Trochilidés) forment un groupe endémique du continent américain. On en a décrit plus de 300 espèces dont la plupart habitent la zone tropicale de l'Amérique du Sud. Toutefois certaines espèces vont encore assez haut en Amérique du Nord ou, au contraire, jusqu'à la Terre de Feu vers le Sud. La famille des Colibris comprend des espèces grandes ainsi que petites. La plus grande mesure 21 cm (Oiseau-mouche géant *Patagona gigas*) ; la plus petite 5,5 cm et pèse à peine deux grammes (famille des Colibris guêpiers *Calypte*), c'est la plus petite espèce d'oiseaux existante. Ces Colibris peuvent agiter très vite leurs petites ailes.

303

304

Grâce aux caméras, on a pu dénombrer 50 à 70 battements d'aile à la seconde, et jusqu'à 200 en parade nuptiale. Grâce à ces mouvements des ailes qui rappellent ceux de certains insectes, les Colibris peuvent changer brusquement de direction, aller dans tous les sens, voire même en arrière, ce qu'ils sont seuls capables de faire parmi les oiseaux. Leur vol tourbillonnant sur place leur permet, grâce à leur long bec en tuyau, d'aspirer le nectar des fleurs ou les petits insectes qui se trouvent dans le calice, tout en fécondant les plantes tropicales. Beaucoup d'espèces ont des couleurs éblouissantes.

Pétasophore anaïs *Colibri coruscans* (302) vit dans la forêt vierge, la steppe broussailleuse au Nord-Ouest en Amérique du Sud.

Sélasphore tricolore *Selasphorus platycercus* (303) niche dans les régions montagneuses des Etats du Sud aux U.S.A. et au Guatemala. Comme chez les autres espèces de Colibris la femelle pond deux œufs blancs dans un joli nid fait de mousse, de fins végétaux et de toile d'araignée. Les mâles sont mauvais époux, la plupart ne se soucient ni du nid ni de l'élevage.

Colibri au ventre d'or *Chlorostilbon aureoventris* (304) comme les 11 autres petites espèces de la famille Chlorostilbon, il a une belle livrée verte, brillante, un petit bec légèrement élargi à la base et sur les flancs des plumes ornementales blanches, ébouriffées. Vit dans le Nord de l'Argentine, en Bolivie et au Paraguay.

Chapitre 23 BEAUTÉS MULTICOLORES

On rencontre les oiseaux aux couleurs les plus variées et les plus éblouissantes dans le très riche ordre des Coraciiformes. Ces oiseaux, d'aspect très différent, ont des caractères anatomiques communs, dont le plus remarquable est la forme des pattes, qui ont toutes les doigts antérieurs en partie accolés. Ils ont aussi un même goût pour nicher dans les creux d'arbres ou du sol, qu'ils ont gratté eux-mêmes. Leurs petits naissent nus, sauf ceux de la Huppe. Oiseaux timides, ils vivent cachés, la surprise est d'autant plus frappante quand on découvre leur beauté dans la nature. Ils sont 7 familles réparties en 190 espèces environ qui vivent dans les zones tropicales et subtropicales du monde entier.

Par leur bec puissant, les Coraciidés rappellent les Corvidés. Des 17 espèces répandues dans l'Ancien Monde, prédominent celles de couleur bleue, verte et brune.

Rollier d'Europe (305) *Coracias garrulus* de coloration noire, marron et bleue, vit dans les régions tempérées d'Eurasie et au Maroc. Au printemps, la parade nuptiale est spectaculaire. Le mâle s'élance vers le ciel, pique vers le sol, remonte, pirouette et virevolte tout en poussant des cris rauques. La femelle pond 4 ou 5 œufs blancs. Le Rollier se nourrit d'insectes et de petits vertébrés. Hiverne dans l'Afrique du Sud et de l'Est.

Les élégants Guêpiers (Méropsidés) aux magnifiques couleurs se rangent parmi les plus beaux oiseaux. Habitent la steppe boisée de l'Ancien Monde. Par leur forme et leur façon de voler, rappellent l'Hiron-

305

Parade nuptiale
du Guêpier d'Europe

306

delle, mais leur queue n'est pas découpée, au contraire, deux plumes plus longues la dépassent. On en compte 25 espèces.

Guêpier d'Europe (306), oiseau bariolé avec une combinaison de vert, bleu, jaune, noir et blanc qui anime les régions chaudes de l'Europe méridionale, de l'Asie Antérieure et du Sud-Est ainsi que l'Afrique du Nord. La condition de son apparition est une abondance d'hyménoptères et de murailles éboulées et sablonneuses dans lesquelles le mâle et la femelle puissent creuser

Merops apiaster

307

ensemble un tunnel qui a jusqu'à 2 mètres de long. A la différence de la Corneille bleue, ces Guêpiers sont sociables, et forment souvent de petites colonies.

Guêpier de Perse (307) a une couleur dominante vert brillant, sur les yeux une ceinture noire bordée de bleue. La gorge et le dessous des ailes sont rouge rouille. Largement répandu dans les steppes du Sud de l'Asie et du Nord de l'Afrique. Niche dans des trous de terre. Son mode de vie ressemble à celui du Guêpier d'Europe.
Merops superciliosus

La famille des Martins-pêcheurs (Alcédinidés) se distingue par une stature ramassée, une grosse tête, un bec puissant et de courtes pattes. Son grand bec est un bon instrument pour saisir les poissons qui forment, avec les insectes, l'essentiel de la nourriture du Martin-pêcheur. En général, il creuse lui-même son nid. Mâle et femelle ont les mêmes couleurs, ils participent ensemble à la couvaison et au nourrissage. La nombreuse famille des Alcédinidés comporte 87 espèces, elle est représentée dans toutes les parties du monde, y compris les îles du Pacifique.

Martin-pêcheur (308, 309), oiseau des eaux courantes limpides et maître pêcheur. Sans bouger, il reste un temps infini posé sur une branche basse et se lance tête en avant dans l'eau, dès qu'il aperçoit le plus petit poisson. Chaque assaut est couronné de succès. Il tue le poisson capturé en le frappant avec force contre une branche, puis il l'avale tête première. Quand le mâle offre un poisson à la femelle, ce qui fait partie de sa cour, ou quand il nourrit les petits, il tend le poisson dans le sens contraire, comme on le voit sur notre photographie. Il creuse toujours son terrier de nidification au-dessus de l'eau, mais là où il n'y a pas de berge, il peut nicher loin de l'eau. Le tunnel, long de 60 à 100 cm, se termine par la chambre de nidification. Le nid n'est pas vraiment garni, mais en cours de nidification s'y amasse une couche assez molle d'écailles et arêtes de poisson — parties non digestibles rejetées. Le Martin-pêcheur niche de 1 à 3 fois l'an, et la femelle pond 6 ou 7 œufs. Les petits sont nourris de poissons
Alcedo atthis

308

310

311

dont la taille va augmentant avec eux, ainsi que d'insectes. Après un séjour au nid de 22 à 27 jours, les petits s'envolent et mènent une vie indépendante. Ils s'en vont parfois très loin de leur lieu de naissance. Le Martin-pêcheur habite la zone tempérée d'Europe et d'Asie, va au Sud jusqu'à Ceylan, Sumatra et les îles Salomon.

La plus riche famille d'Alcédinidés des régions tropicales est celle des Alcyons dont on connaît environ 150 formes. La plupart des espèces sont de taille moyenne avec un bec noir, rouge, et parfois bicolore.

Alcyon à poitrine bleue (310), l'une des nombreuses espèces de Martins-chasseurs vivant en Afrique, au Sud du Sahara.
Halcyon malimbica

Alcyon à gorge blanche (311) est le plus connu des Martins-pêcheurs. Sa couleur dominante est le brun, avec dos, queue et ailes bleus, bec et pattes rouges. On le rencontre de l'Asie Mineure jusqu'au-delà de Taiwan, au Vietnam et aux Philippines. N'est pas obligatoirement tributaire de l'eau et reste souvent au cœur de grandes forêts. Mange le poisson mais aussi des vertébrés terriens, de gros insectes et des crustacés.
Halcyon smyrnensis

Martin-chasseur géant (312) est le plus grand Alcédinidé. A dans l'ensemble une coloration peu voyante en brun-noir-blanc, une petite huppe sur la nuque, un bec puissant et une queue relativement longue pour sa famille. On le rencontre, peu abondant, au Sud-Est de l'Australie. Solitaire, non tributaire de l'eau. Se contente de n'importe quelle sorte de paysage où la végétation sylvestre n'est pas trop touffue afin de pouvoir y chasser. S'introduit jusque dans les parcs et jardins des villes. Il dédaigne le poisson, mais tue adroitement avec son gros bec les autres vertébrés. Il attaque et engloutit volontiers les serpents, même venimeux. Niche dans les trous d'arbres ou dans les termitières. Après 25 jours de couvaison, les petits éclosent de leurs œufs d'un blanc pur, de septembre à décembre. Tandis qu'il élève ses petits, le Martin-chasseur les défend courageusement et peut asséner de rudes coups à l'homme qui s'approche trop du nid. Autrement, c'est un oiseau amusant et curieux. Les Australiens l'aiment beaucoup, au point qu'il est devenu l'oiseau national d'Australie. Son seul inconvénient, c'est sa voix criarde et grinçante.
Dacelo gigas

En Amérique, les Rolliers sont représentés par la famille des Momotidés. Dans la coloration du plumage de huit espèces de ces oiseaux domine le bleu, le vert et les bruns, elles ont beaucoup de similitude avec les Rolliers. Ils prennent leur nourriture en partie au vol, en partie au sol. Mangent en premier lieu les gros insectes, mais aussi de petits vertébrés et, occasionnellement, cueillent des fruits. Emportent leur proie vivante sur une branche ou tout autre endroit surélevé. Nichent dans

Aire de répartition des Momots

des trous qu'ils creusent dans des parois inclinées ou en terrain plat, ou à l'occasion dans une crevasse de rocher. Les deux parents couvent alternativement les 3 ou 4 œufs blancs durant trois semaines environ, puis nourrissent ensemble leurs petits durant 4 à 5 autres semaines. Les Momots ont une longue queue qu'ils agitent de côté quand ils sont excités, et surtout au moment de la pariade. Deux plumes centrales, rectrices médianes très longues, sont dépourvues de vexilles jusqu'à la hampe qui apparaît comme une palette. C'est cependant un phénomène secondaire, car après la mue ces plumes ont une structure normale avec leurs vexilles. C'est en se lissant souvent les plumes que les Momots s'arrachent ces vexilles. Ces oiseaux vivent dans les forêts de l'Amérique centrale et du Sud.

Grand Momot (313) *Momotus momota* habite l'Amérique centrale et le Nord de l'Amérique du Sud. Pour nicher, il se creuse son propre trou ou utilise un terrier de mammifère abandonné dans lequel il se creuse des couloirs latéraux. Les tunnels de Momots peuvent atteindre 3 m de long, souvent sont sinueux et se terminent par un trou de nidification élargi dans lequel les œufs reposent sur le sol nu. Ces tunnels sont creusés le plus souvent dans les berges. Il est intéressant de noter que les Momots commencent à creuser de nouveaux tunnels de nidification peu de temps après avoir élevé leurs petits, quelques mois avant de recommencer à pondre. Ils ne les utilisent pas pour y passer la nuit. Les parents se relayent pour couver durant 22 jours. Les petits, une fois élevés, ressemblent fort à leur parents, seuls leur manquent les vexilles à la queue.

Huppe fasciée (314) *Upupa epops* unique espèce de la famille indépendante des Upupidés, n'est pas irisée comme ses apparentés, mais est sobrement brun orangé avec des dessins

312

313

314

315

en noir et blanc. Sur sa tête, elle porte une huppe aplatie de longues plumes qui tombent sur la nuque en moments calmes, et qui se dressent en un joli éventail quand elle est excitée. La Huppe est un oiseau de terrains ouverts, qui habite une grande partie de l'Eurasie, de l'Afrique et même Madagascar. Se fait son nid dans des creux et semi-creux. Les jeunes incitent leurs parents à les nourrir en ouvrant un grand bec à gosier rouge vif, comme le font les chanteurs. Pendant la nidification, les petits et la femelle sécrètent par leur glande uropygienne un liquide nauséabond qu'ils savent lancer directement sur tout intrus.

Quetzal ou **Couroucou royal** (315), appartient à l'ordre des Trogoniformes. C'est le seul oiseau à avoir le premier et le deuxième doigt, donc le postérieur et l'intérieur, tournés vers l'arrière. Vit sous 34 espèces dans les tropiques de l'Ancien et du Nouveau Monde. Le Quetzal est le plus connu, grâce à la coloration de ses admirables plumes. Il porte une courte huppe, ses couvertures alaires retombent au-dessus des ailes comme des feuilles de palmier et deux plumes sous-caudales forment une traîne d'un mètre de long. Niche dans des cavités d'arbres de forêts, du Sud du Mexique jusqu'à Costa Rica. Il est dans l'emblème du Guatemala.

Pharomachrus mocinno

Chapitre 24

LES OISEAUX QUI EMMURENT LEUR FEMELLE

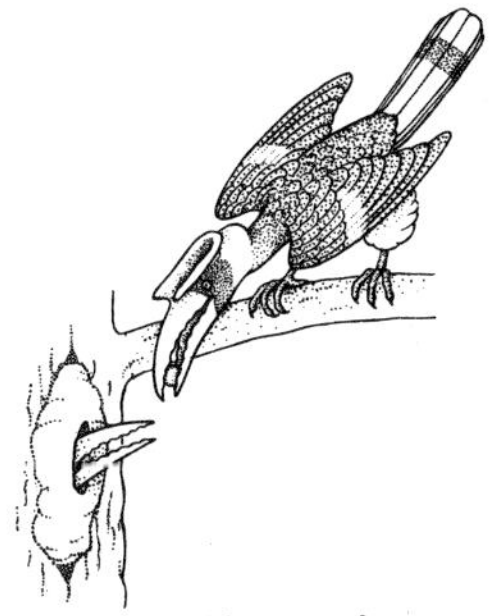

Un Calao mâle nourrissant sa femelle emmurée

Dans le nombreux ordre des Coraciiformes se range la famille bien connue des Bucérotidés, oiseaux au bec puissant de forme étrange mais de couleur sobre. Il a une intéressante biologie nidificatrice. Cette famille compte 45 espèces d'oiseaux qui emmurent leur femelle dans le nid. Sauf deux exceptions ce sont précisément des oiseaux arboricoles vivant dans les forêts d'Afrique, d'Arabie du Sud, de l'Inde Antérieure et de la péninsule indochinoise. Pour élever leur progéniture, les Calaos recherchent un creux idoine dans un vieil arbre, et les deux partenaires le maçonnent avant la nidification proprement dite. Le mâle apporte les matériaux de construction — un peu de terre, de boue, de fientes mêlées à des débris végétaux qu'il gâche soit avec sa fiente soit avec une sécrétion de son gosier. Quand l'ouverture est assez rétrécie pour que la femelle puisse tout juste s'y glisser, elle entre dans le trou et le mâle achève de l'obturer, jusqu'à ce qu'il ne reste qu'une petite ouverture pour le bec. Le mâle nourrit avec zèle sa femelle durant toute la couvaison et encore longtemps après l'éclosion. Le temps pendant lequel la femelle reste enfermée diffère selon les espèces. Chez certaines espèces, après quelques semaines la femelle détruit la muraille à coups de bec et sort pour aider son partenaire au nourrisage, les petits restant encore derrière le mur, chez d'autres la femelle quitte l'abri en même temps que les petits. Fait intéressant, dès que la femelle est emmurée, les plumes de sa queue se mettent à tomber, puis celles de contour et des ailes, et la femelle est incapable de voler. Le séjour dans l'obscurité est visiblement une impulsion à la mue, car chez le mâle, qui ne niche pas, la mue se fait progressivement et il conserve sa capacité de voler. Pour nourrir sa femelle et ses petits, le mâle accomplit de véritables performances. Un mâle de l'espèce *Bycanistes brevis* a, au cours de 17 jours, accompli 1660 vols vers le nid et apporté 24 000 fruits.

Calao d'Abyssinie (316) niche certes dans les trous d'arbres, mais passe la plus grande partie
Bucorvus abyssinicus de sa vie au sol, à ramasser des fruits et chasser des vertébrés. Les autres Calaos sautillent, mais lui marche d'un pas équilibré. Il ne maçonne pas l'ouverture du nid, la femelle mue graduellement et ne perd pas la capacité de voler. L'espèce habite la savane africaine.

Petit Calao à tête rouge (317) n'a pas d'excroissance sur le bec, si bien qu'il ressemble un peu
Tockus erythrorhynchus à un Toucan. Vit en Afrique, au Sud de la Somalie et du Sénégal. La femelle pond 3 à 5 œufs qu'elle couve trois semaines et reste ensuite encore trois semaines enfermée avec ses petits. Il lui faut ensuite environ cinq heures pour détruire à coups de bec la dure cloison et quitter le trou. Quand elle est partie, les petits se claquemurent de nouveau avec un mélange de fiente et de déchets de nourriture, et les parents les nourrissent encore longtemps. Ils restent environ six semaines prisonniers volontaires.

Calao panaché de Malabar (318) a une excroissance tubulaire sur sa mandibule supérieure.
Anthracoceros malabaricus Chez le mâle, elle se recourbe en pointe vers l'avant. Ce Calao quête par petits groupes les fruits dans les arbres, et anime les forêts de l'Inde et de Malaisie.

Calao plissé (319), grand Calao de près d'un mètre de long, habitant les îles du Pacifique depuis
Rhyticeros plicatus les Moluques jusqu'aux îles Salomon. Une grande partie de son menu, outre les fruits et divers invertébrés, se compose de lézards, grenouilles, serpents ainsi que de petits mammifères et des oiseaux.

Calao bicorne (320, 321) habite les forêts de l'Inde jusqu'à l'Himalaya, la presqu'île de Malaisie
Buceros bicornis et Sumatra. Son bec, de près d'un quart de mètre de long, a une forme vraiment curieuse. Chez le mâle, le cimier allongé a une profonde rayure

317

318

319

320

321

et ses deux excroissances parallèles arrivent loin sur le sommet de la tête. La femelle a une excroissance aplatie au-dessus. Ce Calao se tient surtout sur les arbres. Se nourrit de fruits divers mais avale toute petite bête qu'il peut capturer. Niche dans les trous d'arbres. Etant donné sa taille, 1m 20, il lui faut des creux assez vastes, c'est pourquoi il utilise souvent durant plusieurs années le même trou. Semble n'élever qu'un seul petit. La femelle l'abandonne un mois avant qu'il ne commence à voler, après son départ le petit se renferme lui-même et les parents continuent à le nourrir.

Chapitre 25

LES « MAÎTRES CHARPENTIERS » ET APPARENTÉS

Tous les oiseaux de l'ordre des Piciformes ne sont pas grimpeurs, ne piquent pas le bois pour en extraire les larves et ne creusent pas les troncs d'arbres. Il ne faut pas s'attendre à une telle concordance chez les 383 espèces réparties en six familles. N'empêche que chaque famille de Piciformes a beaucoup de caractères anatomiques communs ainsi que dans la disposition des plumes. Le trait le plus marquant est la structure des pattes, où le premier et le quatrième doigt sont tournés vers l'arrière comme par ex. chez les Perroquets qui, eux aussi, ont de grandes dispositions pour grimper. Les Piciformes sont de typiques oiseaux arboricoles qui nichent dans les creux, pondent des œufs blancs, et leur jeunes naissent nus et aveugles. Ils sont répandus dans le monde entier, sauf l'Australie, Madagascar, la Nouvelle-Zélande et les îles des mers du Sud.

Les représentants de la famille des Capitonidés sont tous de couleurs variées, et ils ont été baptisés d'après les poils durs qui leur poussent à la naissance du bec. Leur biotope est la forêt tropicale d'Amérique, d'Asie et d'Afrique. Les Capitonidés se posent rarement au sol. Ils quêtent leur nourriture — animale et végétale — dans les branches. Nichent dans les creux qu'ils se forent eux-mêmes dans le bois pourri.

Nous pouvons qualifier de maîtres charpentiers les oiseaux de la famille de Picidés, qui sont pour la plupart aptes à grimper sur les troncs d'arbres. Leurs pattes surtout sont adaptées à ce genre de mouvement, avec deux doigts antérieurs et deux doigts postérieurs pourvus de fortes griffes. Leur bec puissant est un excellent outil de charpentier, avec sa

324

pointe droite, coupante ou piquante, qui fait office de hache et de ciseau. C'est avec leur bec qu'ils cherchent sous l'écorce ou dans le bois les insectes cachés et qu'ils évident un trou pour leur nid. Pour exécuter un tel travail, en position verticale, alors que la tête a besoin d'espace pour donner ses coups, les pattes seules seraient un trop faible point d'appui. Un autre point d'appui est fourni par la solide queue cunéiforme dont chaque plume est pourvue d'une hampe, dure, élargie, elles sont étirées en pointe et forment un ressort soutenant l'oiseau au travail. Pour extraire leur proie des fentes étroites, les pics sont munis d'une langue adéquate. La langue est faite pour piquer les proies. Elle peut être projetée très loin comme un harpon, elle a une pointe dure en crochet, qui secrète un suc collant. Elle peut être projetée très loin grâce aux longues cornes de l'os hyoïde, mues par des muscles spéciaux. Cependant tous les Picidés ne se nourrissent pas d'insectes. Certains se nourrissent du suc d'arbres, ou combinent alimentation animale et végétale. Le groupe des 209 espèces de Picidés a ses membres dans le monde entier, à l'excep-

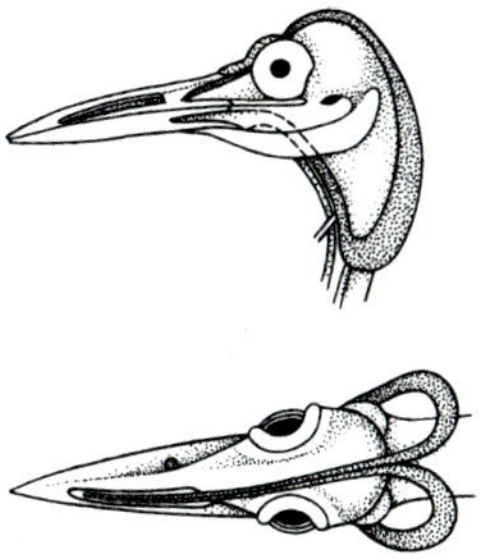

La longue langue des Pics est gouvernée par les cornes de l'os hyoïde qui s'enroulent autour du crâne

325

tion des régions polaires, Madagascar, Australie, Nouvelle-Guinée et îles proches.

Barbu de Levaillant (322). Ce Barbu et ses proches parents ne sont pas tant tributaires des arbres
Trachyphonus vaillantii que les autres Barbus ; celui-ci se déplace souvent au sol, il vit dans les steppes broussailleuses de l'Afrique orientale et du Sud.

Torcol fourmilier (323). Les caractères généraux donnés pour les Pics ne valent pas tous pour
Jynx torquilla les Torcols. La structure corporelle n'est pas celle d'oiseaux grimpeurs parfaits. Leurs plumes caudales ne sont pas raides, le bec est petit, inapte à creuser. La nourriture favorite des Torcols sont les fourmis. En cas de danger, il tortille la tête de façon comique et hérisse les plumes de sa huppe. Le Torcol fourmilier niche en Europe, et en Asie jusqu'au Japon.

Barbu géant (324) parmi les grandes espèces, de la taille d'un choucas. Se nourrit de fruits et
Megalaima virens de fleurs. Il habite l'Asie du Sud, du Cachemire à la Chine méridionale et au Vietnam.

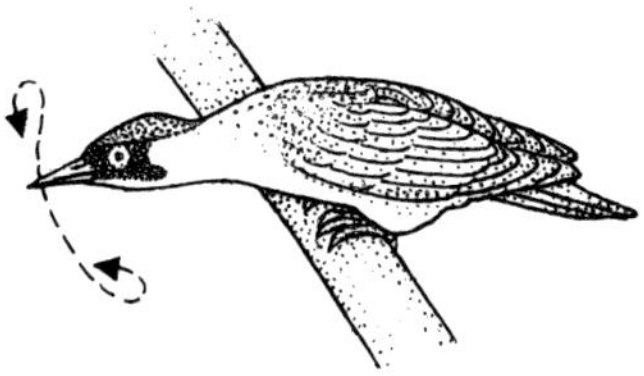

Une phase de la parade
du Pic Vert

326

327

Pic épeiche (325, 326) trahit sa présence, au printemps, car il tambourine avec ardeur sur les troncs et les souches, comme le font beaucoup de ses apparentés. C'est le succédané de son chant, il délimite par cette musique instrumentale son territoire. Habite l'Europe et l'Asie, sauf l'Asie du Sud.
Dendrocopos major

Pic épeichette (327) a presque la même répartition géographique que le Pic Epeiche, ces deux espèces se présentent souvent dans le même milieu. Mais le Pic épeichette accorde sa préférence aux végétations feuillues et mixtes, et ne va pas à haute altitude. Ne fait pas la concurrence aux plus grands pics dans la collecte de la nourriture, car dans ses randonnées de chasse il se tient plutôt dans les branches des arbres que sur leurs troncs. Il est un peu plus grand qu'un moineau et n'a pas grande force dans son bec.
Dendrocopos minor

Pic mar (328) — le dessin sur son dos le fait ressembler à son parent plus petit, mais il arrive à la taille du Pic épeiche. Il vit en Europe et en Asie antérieure. C'est un oiseau des bosquets feuillus des plaines chaudes.
Dendrocopos medius

Pic de Cuba (329) appartient à la famille des Pics zébrés (*Centurus*) largement répandue sur le continent américain. Cette espèce habite Cuba et quelques îles des Bahamas. Dépend des palmiers pour sa nourriture et sa nidification.
Centurus superciliaris

328

329

Chapitre 26 LES OISEAUX À GROS BEC

Aire de répartition des toucans

Quoique les Toucans (Rhamphastidés) appartiennent également à l'ordre des grimpeurs, nous les traitons à part. C'est que c'est une famille exceptionnellement intéressante, comptant 35 espèces d'oiseaux remarquables à première vue par leur énorme bec. Un bec énorme, aplati sur le côté, qui semble une gêne pour son propriétaire. En réalité, c'est quelque chose de très léger, creux à l'intérieur et garni de minces lamelles cornées. A la surface il est couvert d'une fine couche cornée, de couleur variée selon les espèces. L'utilité d'un tel bec est cependant douteuse, car un bec plus petit suffirait certainement pour cueillir et avaler les fruits. Les Toucans sont sylvestres, ils nichent dans les creux d'arbres. Les deux parents participent à la nidification.

Toucan de Swainson (330) *Ramphastos swainsonii* vit dans les forêts tropicales et subtropicales de l'Amérique centrale depuis le Honduras jusqu'en Equateur, et à l'Est jusqu'au Venezuela. Le dessin de biais, sur son bec, est peu courant chez les Toucans.

Toucan toco (331) *Ramphastos toco* le plus grand Toucan vivant au centre et au Nord de l'Amérique du Sud. Se nourrit de fruits divers qu'il décortique adroitement avec son bec. On les soupçonne même de piller les nids d'autres oiseaux.

Toucan à poitrine jaune (332) *Ramphastos sulfuratus* a un bec très voyant, vert avec une pointe rouge, des taches orange clair dans la moitié supérieure et une bande noire près de la racine. Vit dans les forêts pluvieuses du Mexique et du Venezuela.

330

332

333

Toucan jaune (333) avec son bec noir à rayure grise à la racine, est plus connu sous le nom d'Ariel,
Ramphastos vitellinus ce qui s'est avéré n'être qu'une race du Brésil oriental de cette espèce qui niche au Venezuela, en Guyane et au Brésil, au Nord de l'Amazone.

La famille des Toucans noirs *Rhamphastos* ne comprend que de grandes espèces à grands becs. D'autres Toucans, de l'ordre des *Pteroglossus*, de

334

plus petite taille, ont un bec plus petit et le dessus du bec aplati. La coloration de leur bec n'est pas si vive que chez le Toucan noir, il est blanchâtre ou noir et blanc. « Pteroglossus » signifie « langue à plumes ». Une telle langue n'est pas l'apanage de cette espèce seulement. Tous les Toucans ont, dans leur énorme bec, une langue longue et étroite qui a des espèces de franges sur les côtés, semblables à des plumes.

Aracari à collier (334) — son bec blanc a une tache rouge à la racine, la mandibule inférieure est noire avec une bande blanche à la racine. Habite sous quelques formes en Amérique centrale, Colombie et Venezuela.
Pteroglossus torquatus

Sept autres espèces relativement petites de Toucans de la famille des Aracaris verts (*Aulachorhynchus*) vivent également en Amérique centrale et dans les Etats du Nord de l'Amérique du Sud. Ce sont plutôt des habitants des hautes altitudes. Ils aiment vivre en société, et ce n'est qu'avant de nicher que les couples se séparent des autres. Dès qu'ils deviennent indépendants, les jeunes se rassemblent en sociétés petites ou grandes, et selon la quantité de fruits disponible se déplacent tous ensemble d'un endroit à l'autre. Ces Aracaris nichent dans les creux naturels et dans des trous abandonnés par des Pics qu'ils aménagent parfois à coups de bec.

Toucanet vert (335) — ce Toucan d'un vert olive discret, dont le bec a la mandibule supérieure claire et l'inférieure noire, vit du Mexique au Pérou. On peut le désigner comme montagnard, car il n'apparaît qu'au-dessus de 2.500 mètres d'altitude. On peut l'élever en captivité sans soins spéciaux.
Aulacorhynchus prasinus

335

336

Toucanet cul-rouge (336), vert dans l'ensemble, avec un bec rouge et noir et un croupion écarlate.
Aulacorhynchus haematopygus

Comme chez les espèces précédentes, l'incubation dure 16 jours et les jeunes quittent le nid à l'âge de 43 jours environ. Il n'est pas recommandé de l'élever en captivité avec des espèces plus petites, car il arrive qu'il les tue et même les mange. Le mâle et la femelle ont une livrée identique, comme chez les autres espèces. Habite les pentes des Andes en Colombie et Equateur.

Dans leurs creux, les Toucans nicheurs ne se reposent pas sur leurs faibles et courtes pattes mais sur des grandes indurations aux talons. Ces formations spéciales existent tant qu'ils restent jeunes au nid, et disparaissent dans la suite. Les Pics au nid ont un dispositif similaire. Posé sur une branche avec le bec mis dans les plumes du dos et la queue retournée reposant aussi sur le dos jusqu'aux épaules, le Toucan endormi ressemble à une boule de plumes.

Chapitre 27

LES CHANTEURS QUI NE CHANTENT PAS

Dans tout ouvrage synoptique sur les Oiseaux du Monde, on se heurte à une certaine incompatibilité : le plus grand groupe d'oiseaux, celui des Passereaux (ordre des *Passeriformes*) se voit consacrer relativement peu de place. Par exemple, dans l'ouvrage classique de Brehm, *La Vie des Animaux* (publié en France sous le titre *Les Merveilles de la Nature*) l'auteur consacre un seul tome aux Passereaux, sur les quatre tomes consacrés aux oiseaux. Si l'on considère que l'ordre des Passereaux compte environ 5.100 espèces, soit plus que tous les autres ordres d'oiseaux réunis, cette proportion devrait être inverse. Incontestablement, les petits Passereaux sont moins attirants que par exemple les rapaces, les chouettes ou bien les oiseaux aquatiques, et ils rassemblent beaucoup d'espèces qui se ressemblent par la taille et l'aspect. Et chaque observateur, ou presque, dirige sa longue vue plutôt sur les grandes ou rares espèces que sur les petits Passereaux qui sont partout en abondance. En ce qui concerne les connaissances biologiques, les Passereaux sont dans l'ensemble moins connus que les autres oiseaux. Même leur classification systématique offre de grandes difficultés aux spécialistes, d'où il résulte quelques systèmes différents. Dans ce chapitre, nous consacrons notre attention à quelques espèces situées bas dans le sous-ordre des Passereaux, tandis que dans le chapitre suivant, le dernier, nous traiterons de l'unique sous-ordre des Oscines. Les espèces introduites dans ce chapitre diffèrent de ces derniers par une plus simple structure de l'appareil du chant, qui compte tout au plus trois paires de muscles tandis que la syrinx, organe vocal des oiseaux chanteurs, en a 7 ou 9. Le titre de ce présent chapitre ne répond pas exactement à la réalité, car parmi les oiseaux présentés ici, nous trouvons des espèces relativement bien douées pour le chant. Mais d'une façon générale elles ne sont pas capables de productions vocales telles que celles des oiseaux dits chanteurs.

Les Passereaux ont un seul type de pattes, avec les quatre doigts au même niveau et seul le premier dirigé vers l'arrière. Tous sont des oiseaux nidicoles.

Calyptomène verte (337) — c'est un Eurylaime (Eurilamidés) répandu dans les forêts tropicales
Calyptomena viridis
de l'Ancien Monde, reconnaissable à son bec largement fendu, comme

337

338

339

340

les 14 autres espèces de ce genre. C'est la marque typique des oiseaux qui capturent les insectes au vol. La Calyptomène verte mange cependant aussi des fruits. Vit en Asie du Sud.

Parmi les oiseaux criards (sous-ordre des Clamatores), la famille des Cotingidés est très répandue en Amérique centrale et du Sud, avec ses 95 espèces toutes bien colorées. Elles se différencient les unes des autres par le coloris, la structure et le mode de vie. Les deux espèces de Coqs de roche sont remarquables par leurs belles couleurs et leurs parades nuptiales spectaculaires. Les deux espèces ont la taille du pigeon.

Coq de roche de Guyane (338) porte sur la tête une sorte de heaume étroit, bordé de noir, qui
Rupicola rupicola
va de la nuque jusqu'à la pointe du bec. Vit au Venezuela, en Guyane et dans les régions frontalières du Brésil du Nord. La femelle ne peut se comparer au mâle, avec ses couleurs brunâtres.

Linotte cabaret ou **Piauhau** (339) l'une des espèces les moins connues de Cotingidés. A un joli
Querula purpurata
plastron de longues plumes rouges lie-de-vin, qu'il étale dans sa parade. Vit à Costa Rica, Panama et dans le Nord de l'Amérique du Sud.

Coq de roche du Pérou (340) de couleur carmin plus vif, mais dépourvu du voile de plumes
Rupicola peruviana
fendues sur le dos. Son habitat se trouve dans les Andes, de la Colombie au Pérou.

Les deux espèces de Coqs de roche sont typiquement des oiseaux de forêts de montagnes entrecoupées de rochers. Aiment à se tenir au voisinage de l'eau. Les mâles exécutent ensemble leurs parades nuptiales sur les rochers. Ils avancent d'une drôle de démarche, ailes écartées,

341

plumes hérissées, bec touchant presque le sol, sautillant tout en poussant des cris assourdissants. La femelle établit son nid sur une paroi rocheuse, sur un mur de grotte, dans une fente, nid fait de terre et garni de mousse et de feuilles. La femelle pond deux œufs blanchâtres avec des taches foncées, et elle les couve seule. Le mâle participe au nourrissage des petits.

Manakin à cuisses jaunes (341), l'une des soixante espèces de petits oiseaux bariolés de
Pipra mentalis
la famille des Pipridés, typiques de l'Amérique du Sud. Les Manakins

342

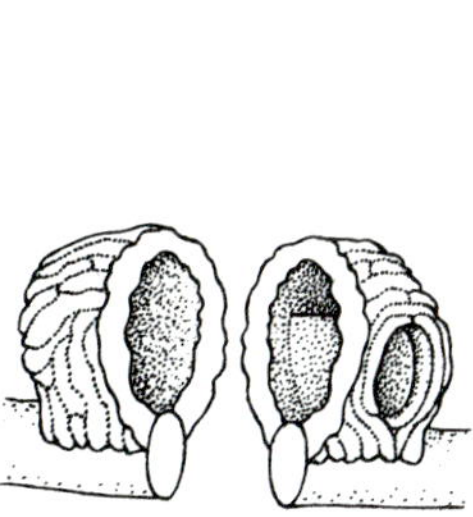

Coupe d'un nid de Fournier roux

343

sont connus pour leurs belles parades nuptiales au cours desquelles le mâle prend les positions les plus drôles.

Fournier roux (342), oiseau brun-roux de la grande famille des Furnariidés vivant dans les paysages ouverts du Sud du Brésil, au Paraguay et en Argentine. Connu surtout comme adroit constructeur. Avec de la boue consolidée de paille sèche, les deux partenaires édifient à la saison des pluies un nid assez grand qui ressemble à un four de boulanger. Ils le placent sur une forte branche, une poutre, ou sur une maison. Ce nid, cloisonné à l'intérieur, avec une antichambre et chambre de ponte, peut peser jusqu'à 10 kilos. La femelle pond de 3 à 5 œufs. Se nourrit surtout d'insectes.

Furnarius rufus

Les Ménuridés ou Oiseaux-Lyres australiens sont très proches des vrais chanteurs (*Oscinés*) par leurs capacités vocales et la conformation de leur organe vocal gouverné par trois paires de muscles. A première vue, deux espèces connues d'Oiseaux-Lyres ressemblent surtout à des Gallinacés. Ils sont à peu près de la taille du Faisan, ils ont de fortes pattes avec de longs doigts, de longues griffes droites et de courtes ailes. Ils ressemblent encore aux Gallinacés par la forme de leur bec, leur mode de vie polygame et le fait qu'ils perchent sur les arbres pour la nuit, quoique la plupart picorent leur nourriture au sol. Ce sont pourtant des oiseaux typiquement nidicoles.

Ménure superbe ou **Oiseau-Lyre** (343, 344) vit au sud-est de l'Australie. Son aire de nidification a été fortement réduite par le défrichage des forêts, mais il reste cependant abondant en certains endroits. Les capacités vocales de cet oiseau gris et brun reposent surtout sur son art d'imitateur. La propre voix de l'Oiseau-Lyre est un simple cri de deux ou trois syllabes. Mais il s'y intercale quantité de sons entendus, que ce soit une imitation de cris d'autres oiseaux, de quelque mammifère, voire d'un sifflet de locomotive ou de corne d'auto. La connaissance des sons imités est héréditaire, car l'aboiement de chiens s'entend dans le chant de l'Oiseau-Lyre même là où depuis longtemps l'homme n'habite plus.

Menura novaehollandiae

Répartition géographique
du Ménure superbe

Le mâle est surtout admiré pour sa queue magnifique, en forme de lyre. Elle se compose de 16 rectrices dont les deux externes ont un vexille intérieur étroit et le vexille extérieur très élargi, orné de taches sombres en forme de V et qui se recourbent en lyre. Les deux rectrices médianes sont filiformes, sans vexilles, et les autres sont décomposées, avec de rares et longues barbes. Les femelles n'ont pas de plumes caudales ornementales. La forme étrange de la queue du mâle apparaît dans toute sa splendeur durant les trois à quatre semaines de saison des amours en automne et en hiver. Alors, du fond des bois, s'élève la forte voix des mâles et dans les clairières se déroulent leurs admirables danses. Avant de commencer leur cour, les mâles délimitent leur territoire, dans lequel ils organisent plusieurs pistes de parades. Ce sont de petites surfaces d'environ 1 m², sorte de parquet de bal, toujours sur une hauteur, et que le mâle nettoie, écartant de ses fortes pattes toutes les feuilles, branchettes, tous les cailloux, afin qu'il n'y reste que la terre nue. Le mâle commence sa parade en chantant sur une branche ou sur un rocher, puis il descend sur sa piste et en présence de femelles ou sans elles, il poursuit sa production vocale en se mettant à danser. Il déploie sa queue en lyre, qui a jusqu'à 75 cm de long, et au moment où il est le plus excité il s'en recouvre le dos, de sorte que la partie du haut des plumes lui touche l'échine, et qu'il disparaît presque en dessous. C'est seulement dans cette position que brille l'argenté du dessous des plumes, qui sinon échappe à l'attention. En présence d'une femelle, le mâle agite les plumes de sa queue, qui alors font voir leur beauté colorée.

344

345

Les femelles se mettent seules à construire les nids tandis que les mâles poursuivent leurs parades. L'ouverture latérale du nid conduit à une chambre spacieuse garnie de mousse, de feuilles, herbe et plumes, dans laquelle la femelle ne pond qu'un seul œuf. Elle couve durant six semaines et s'occupe encore longtemps de son unique rejeton après l'avoir nourri six semaines. Le petit naît les yeux fermés et presque nu, comme les autres oiseaux chanteurs.

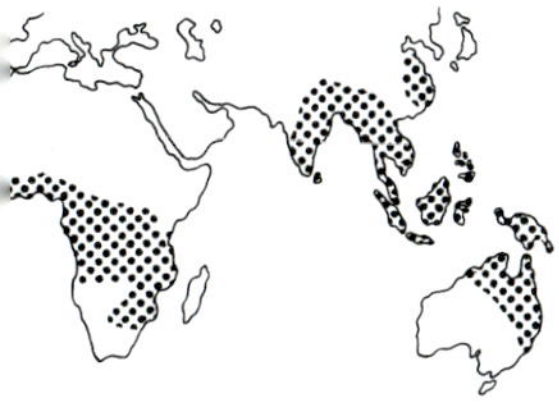

Répartition géographique des Pittidés

346

Silhouette ramassée, grosse tête, cou court, courtes ailes, longues et fortes pattes et une queue minuscule sont, outre les coloris bariolés et vifs, les caractères communs aux 23 espèces de la famille des Pittidés. Habitent la jungle et la forêt dans le Sud et le Sud-Est de l'Asie et en Australie. Comme des esprits follets, ils courent çà et là dans le crépuscule de la forêt vierge, tels de petites boules de couleur sur de longues pattes. Quand ils sont obligés de voler, ils ne couvrent que de courtes distances. Ils installent le nid soit au sol, soit bas dans un enchevêtrement de branches ou de racines. Quelques espèces font exception et nichent haut. Pondent 2 à 6 œufs.

Brève à queue bleue (345) avec son vif coloris, est l'un des plus beaux oiseaux. Répandue dans les forêts épaisses et haut dans la montagne en de nombreuses races différentes, de Malacca à Java, Bali et Bornéo. Cette Brève ne vit pas aussi cachée que les autres espèces de Pittidés, elle s'en distingue aussi par son coloris et une plus longue queue. Elle se perche volontiers au sommet d'un pic ou d'un rocher, d'où elle guette sa nourriture.
Pitta guayana

Brève à ailes bleues (346) a une vaste aire de répartition géographique s'étendant du Japon à la Chine du Sud, le Nord de l'Inde jusqu'aux Philippines. Se nourrit d'insectes et autres invertébrés qu'elle gratte au sol à coups de pattes et bec. Le gros nid sphérique, de diamètre extérieur de 15 à 26 cm, est établi dans une crevasse ou à l'embranchement de fortes branches, à une hauteur de deux à huit mètres. Si la femelle est dérangée, elle dissimule avec des feuilles vertes et des brindilles l'entrée du nid fait de mousse recouverte de brindilles sèches. Les parents couvent tous les deux leurs 4 à 6 œufs finement tachetés, et s'occupent ensemble du nourrissage.
Pitta brachyura

Chapitre 28 LA GRANDE FAMILLE DES CHANTEURS

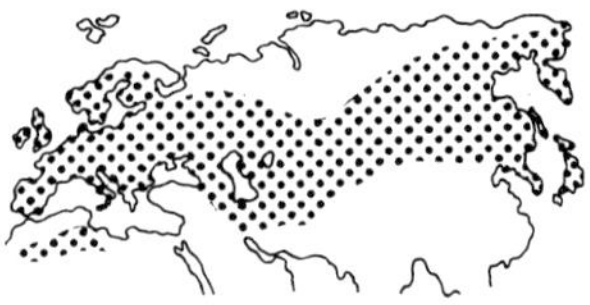

Aire de répartition de l'Alouette des champs

Aire de répartition de l'Alouette Lulu

Le dernier des grands groupes systématiques des oiseaux est le sous-ordre des Passereaux chanteurs (Oscinés). Cette grande société d'oiseaux compte plus de quatre mille espèces, dont la plus grande est le corbeau. C'est parmi eux que se rencontrent les meilleurs chanteurs de toute la gent emplumée. Comme tous les autres sous-ordres de passereaux chanteurs, quoique certains d'entre eux puissent difficilement voir décerner le titre de chant à leurs cris, ce sont des nidicoles, et les petits dépendent de leurs parents durant un temps assez long. Ils demandent leur nourriture en ouvrant tout large un bec à gosier de couleur vive et en piaulant. Tant qu'ils ne voient pas, ils sont incités à agir ainsi quand le nid tremble, ou par quelque mouvement dans les alentours, éventuellement par un changement dans l'intensité de la lumière quand l'un des parents s'approche, et plus tard à la reconnaissance des adultes. Les réclamations des petits donnent une impulsion indispensable à l'instinct nourricier des parents.

La famille des Alouettes (Alaudidés) comprend environ 75 espèces, la plupart peu voyantes, leur tarse est couvert par devant et par derrière de plaques cornées, et le doigt postérieur est muni d'un grand ongle. La plupart des Alouettes installent au sol un nid ouvert, à peine voûté ; elles collectent au sol leur nourriture animale et végétale, elles se nettoient les plumes en se saupoudrant de poussière ou de sable. Seules les femelles bâtissent et couvent les œufs. Les Alouettes vivent dans l'Ancien Monde, une seule espèce est connue en Amérique.

Alouette des champs *Alauda arvensis* (347), originaire des steppes et des champs de montagne à l'orée des bois, est devenue au cours des siècles une typique habitante des prés et des champs. C'est l'une des peu nombreuses espèces à animer de son chant clair et de son vol battu haut dans le ciel les monocultures de céréales et de plantes fourragères. On peut s'étonner que ces petits passereaux chanteurs soient encore exterminés de nos jours par le fusil et la tenderie sur leur passage vers les lieux d'hivernage.

Alouette lulu *Lullula arborea* (348) se distingue de la précédente surtout par sa queue plus courte et son sourcil plus clair. A un chant extraordinairement beau, composé de trilles et de tons harmonieux, mélodiquement mélancoliques. A la différence de l'Alouette des champs, celle-ci décrit de grands cercles dans les hauteurs tandis qu'elle chante.

347

348

349

Cochevis huppé (349) oiseau modeste, de couleur terre, avec une huppe dressée sur la tête.
Galerida cristata

Son milieu d'origine est la steppe et la semi-steppe, mais il s'est adapté à la vie à proximité des habitations humaines. On peut l'y voir sautiller à petits pas, et de temps à autre on entend son cri simple ou un chant bref. Habite l'Europe, l'Asie et la moitié Nord de l'Afrique.

Dans tous les continents, on rencontre quelques unes des 75 espèces d'Hirondelles (*Hirundinidae*). Ce sont de typiques chasseurs d'insectes. Volent très bien, mais se déplacent gauchement au sol, sur leurs courtes pattes.

350

351

352

Hirondelle de fenêtre (350) porte une livrée noir et blanc, avec une queue légèrement fourchue.
Delichon urbica
En beaucoup d'endroits de leurs aires de nidification qui s'étend sur une grande partie de l'Eurasie et de l'Afrique du Nord-Ouest, elles ont conservé leur coutume originelle d'accoler leur nid à une paroi rocheuse ou dans une grotte. Mais la plupart bâtissent leur nid sous une corniche de maison. Elle y élève sa progéniture deux fois l'an. Hiverne dans le Sud de l'Asie et en Afrique.

Hirondelle de cheminée (351) a une queue très fourchue, ce qui la sépare de l'Hirondelle de
Hirundo rustica
fenêtre qui a une queue peu fourchue et le croupion blanc. Habite l'Europe, l'Asie, le Nord-Ouest de l'Afrique et l'Amérique du Nord. S'est habituée partout au voisinage de l'homme et niche souvent dans les étables, les couloirs et même les habitations. A la différence des Hirondelles de fenêtre celles-ci font un nid en forme de coupe ouverte au-dessus. Le principal matériau de construction est de la terre mélangée à des débris de végétaux. L'Hirondelle de cheminée est migratrice. Après la deuxième nidification, elles se rassemblent en grandes bandes sur les fils téléphoniques, et nichent souvent en troupes énormes dans les roseaux avant de prendre leur envol. C'est surtout la femelle qui couve les 4 à 5 œufs, puis qui nourrit les petits, mais au bout de 14 à 16 jours le père participe au nourrissage.

Hirondelle de rivage (352), petite hirondelle de coloration brune et blanche, avec une queue
Riparia riparia
à peine fourchue. Se distingue de l'Hirondelle de fenêtre et de l'Hirondelle de cheminée dans la construction de son nid. La chambre de ponte, garnie de plumes, se trouve au bout d'un tunnel qu'elle creuse elle-même avec son bec et ses pattes dans les talus argileux ou sablonneux, de préférence à proximité de l'eau. Les tunnels ont en moyenne une profondeur de 60 cm et les deux partenaires les creusent ensemble. La femelle pond 5 ou 6 œufs blancs deux fois l'an, elle couve en alternance avec le mâle durant 12 à 16 jours. L'hirondelle de rivage est un oiseau sociable qui niche en colonies allant parfois jusqu'à des milliers de couples nicheurs. Elle habite l'Eurasie et l'Amérique du Nord. Migratrice, comme l'Hirondelle de fenêtre et l'Hirondelle de cheminée.

354

Un groupe bien marqué de Passereaux est celui des 70 espèces de Pies-grièches (famille des Laniidés) qui, par rapport à leur taille, se rangent parmi les meilleurs chasseurs. Leur bec puissant recourbé en crochet porte au bord de la mandibule supérieure une petite dent qui facilite le dépeçage des proies. Les Pies-grièches, oiseaux à grosse tête et longue queue, sont répandues pour ainsi dire dans le monde entier. Elles ne manquent qu'en Amérique du Sud, Australie et Madagascar. L'Afrique en abrite le plus grand nombre d'espèces. Elles se nourrissent de petits animaux et de tout petits vertébrés. Presque toutes les espèces ont l'habitude instinctive d'empaler leurs proies sur des épines ou de suspendre l'animal capturé à une enfourchure de branches. Elles se construisent un nid solide en forme de cuvette dans les branches d'arbres ou de buissons, et les deux parents participent à la couvaison et à l'élevage des petits.

Pie-grièche écorcheur (353) est l'une des plus petites espèces. Typique habitante des buissons
Lanius collurio
et des orées sylvestres d'Europe et d'Asie. Le nid est toujours bien caché dans les taillis ou les arbres pas trop élevés. Le dimorphisme sexuel est net. Les Pies-grièches européennes migrent jusqu'en Afrique du Sud.

Pie-grièche grise (354) est répandue, en de nombreuses races géographiques, en Afrique du
Lanius excubitor
Nord, Europe et Asie. Vit aussi dans la partie Nord du continent américain. Hiverne régulièrement sur ses lieux de nidification, mais les populations européennes migrent pour l'hiver loin vers le Sud. Grâce à leur vigueur et leur adresse, elles viennent à bout non seulement des petits rongeurs mais même d'oiseaux. Niche le plus souvent dans un arbre touffu.

Pie-grièche à poitrine rose (355) de même couleur que les précédentes, cette Pie-grièche encore
Lanius minor
appelée Pie-grièche d'Italie a le sourcil noir qui monte plus haut sur le front, et le blanc de sa face inférieure est rosé. Habite les terrains chauds d'Europe et de l'Asie du Sud-Ouest. Hiverne dans les tropiques et en Afrique du Sud. Tout comme les deux autres espèces citées, celle-ci a une échelle vocale réduite. Dans les abords du nid, on peut le plus souvent entendre son cri d'avertissement. On connaît moins son chant, expressif et doux. La Pie-grièche à poitrine rose niche de préférence sur les arbres hauts, dans les allées ou isolés au milieu de la steppe ou de la plaine. De son poste élevé elle guette ses proies, surtout de gros insectes. Sa couvée compte de 5 à 7 petits œufs vert clair grossièrement tachetés.

De la petite famille de huit espèces de Bombycillidés nous ne ferons connaissance que d'une seule :

Jaseur boréal (Pinson de Sibérie) (356), typique oiseau des toundras et taïgas du Nord. Place
Bombycilla garrulus
son nid fait d'herbe, mousse et lichen, à la cime d'un conifère. Le mâle

355

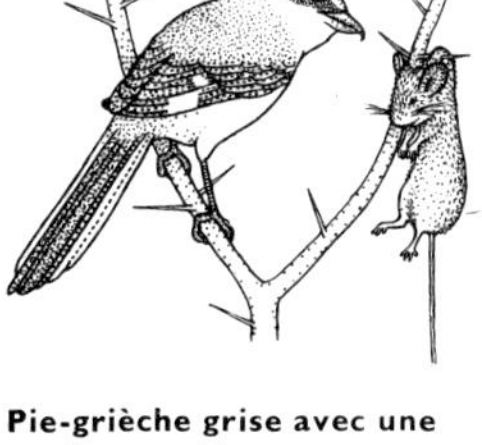

Pie-grièche grise avec une proie empalée

357

358

nourrit sa femelle pendant qu'elle couve ses 3 ou 4 œufs gris-bleu tachetés. Plus tard, quand les petits ont 13 à 15 jours, les deux partenaires s'en occupent ensemble. En été, le Jaseur boréal se nourrit surtout d'insectes qu'il happe au vol à la façon d'un Gobe-mouches, le reste du temps il dépend des fraises et baies diverses. Il est très vorace. Sa nourriture végétale traverse rapidement son tube digestif, et ses fientes contiennent des fragments de baies ou de fruits à moitié digérés. C'est pourquoi il mange en un jour à peu près le double de son poids. Dans les années favorables, son nombre augmente rapidement, et si alors survient un hiver rude avec une épaisse couche de neige, des bandes énormes de ce bel oiseau prennent leur envol vers le Sud, bien loin, jusqu'en Europe méridionale. On a vérifié par baguage qu'ils vont jusqu'à 5.700 km. Ces « invasions » se répètent.

Une famille proche des Corvidés, celle des Corbeaux-flûteurs (*Cracticidae*) est répandue dans les régions australes. Ce sont des oiseaux très bruyants, qui exécutent du matin au soir leurs chorales où se mêlent diverses imitations de voix.

Corbeau-flûteur (357) niche dans les forêts sèches d'Australie, de Tasmanie et de l'île Lord Howe.
Strepera graculina Alimentation végétale et animale.

Corbeau-flûteur tibicen (358) est l'espèce la plus connue de la famille. Vit du Sud de la Guinée
Gymnorhina tibicen jusqu'en Australie centrale et là où il n'est pas pourchassé il se hasarde à la proximité de l'homme. Se nourrit surtout de petits invertébrés, mais chasse aussi adroitement de petits reptiles, mammifères et oiseaux. Ne dédaigne pas une nourriture végétale. Se construit un nid de branchages et d'herbages haut dans les arbres, la femelle couve seule ses 3 ou 4 œufs, les deux parents soignent les petits. Ce corbeau-flûteur peut atteindre l'âge de 20 ans.

Dans une autre famille de Passereaux, les Corvidés, nous trouvons des espèces petites et grandes — le Grand Corbeau, d'un poids de 1.250 grammes, est même le plus grand Passereau vivant. Les Corvidés sont des oiseaux très intelligents. Ils ont bonne mémoire, apprennent facilement et sont même rusés. Ces qualités résultent d'un cerveau d'assez grande capacité. Certains Corvidés apprennent même à répéter des mots.

359

360

Il n'est pas étonnant que certains ornithologistes les rangent au plus haut degré de l'évolution avienne. Ils sont environ une centaine d'espèces dans le monde.

Choucas des tours (359) oiseau terne, gris-noir, avec d'étranges yeux gris, qui étonne par son intelligence et dont la sociabilité est bien connue. C'est l'un des rares Corvidés à nicher dans les creux et semi-cavités des rochers, des arbres, des ruines, des vieux bâtiments, des cheminées. C'est surtout la femelle qui couve les 4 à 6 œufs, mais les deux partenaires soignent ensemble les petits. A l'époque de la nidification les Choucas ont surtout une alimentation animale, en dehors de la saison des nids ils enrichissent leur menu de végétaux. Nichent en Europe et en Asie, les populations nordiques sont migratrices.
Corvus monedula

Geai des chênes (360), oiseau bien connu des forêts européennes et asiatiques, sauf dans le Sud de ce continent. Son cri rauque avertit de tout danger les autres habitants de la forêt. A une alimentation animale et végétale, et comme, ainsi que le font beaucoup de Corvidés, ce Geai fait des provisions de fruits et graines, il contribue à la dissémination de certaines plantes et arbres. Niche dans les arbres et les buissons, pond 5 à 7 œufs.
Garrulus glandarius

Cassenoix moucheté (361) — son apparition est liée aux forêts de conifères d'Europe et d'Asie. Dans certaines années — celles où manque la nourriture — les Cassenoix nordiques et Sibériens envahissent en masse l'Europe centrale et occidentale. Les bois se remplissent alors de leurs cris rauques qui rappellent ceux des Geais.
Nucifraga caryocatactes

Geai vert (362) vit du Sud du Texas méridional, par l'Amérique centrale, jusqu'en Bolivie, et niche dans les broussailles. Les paysans ne l'aiment guère, car il vole les œufs. Assez souvent élevé comme oiseau exotique en volière.
Xanthoura yncas = Cyanocorax yncas

Pie bleue de Chine (363) comme beaucoup d'autres Corvidés, elle est capable d'imiter la voix d'autres oiseaux. Son propre chant, qu'elle fait entendre seulement dans la parade nuptiale, est agréable et doux. Habite les forêts de l'Asie du Sud-Est. Se nourrit de végétaux et de petits animaux.
Urocissa erythrorhyncha

361

362

363

364

Geai bleu de Steller (364) se range parmi les oiseaux aux plus belles couleurs de l'Amérique du Nord et centrale. Vit dans les forêts, en hiver se rapproche des agglomérations humaines. Se nourrit d'insectes, de petits invertébrés et de vertébrés, d'œufs d'oiseaux, de fruits et de graines. C'est un oiseau babillard et remuant.
Cyanocitta stelleri

Corbeau freux (365), oiseau noir à reflets bleus métalliques, avec la base du bec dénudée, souvent seul habitant d'une région désertée l'hiver. Se présente toujours en grandes bandes, et à la saison de la nidification, il reste en colonies comptant des milliers de couples. Les paysans et les chasseurs ne l'aiment pas, et détruisent souvent ses colonies. En Europe, le dernier refuge est offert aux Freux par les grands arbres de banlieue ou du centre des grandes villes. S'ils causent des dommages aux semailles et au blé en herbe, ils détruisent cependant au cours de l'an quantité d'insectes nuisibles et autres petites bêtes, capturant même de petits rongeurs. Leur utilité est incontestablement plus grande que leur nuisance. Niche depuis l'Europe centrale, dans toute la Sibérie jusqu'en Extrême-Orient.
Corvus frugilegus

365

366

Corneille mantelée (366), de coloration grise et noire; c'est une variante locale de la Corneille noire *(Corvus corone)*. Son aire de nidification s'étend entre les fleuves Elbe et Iénisseï; au-delà de ces limites, la zone paléarctique est habitée par la Corneille noire. Les deux races se croisent souvent. La Corneille mantelée se nourrit de végétaux et de petits animaux; elle cause de grands dégâts dans les couvées des autres oiseaux.
Corvus corone cornix

Corbeau noir (367) niche sur les saillies de rochers et sur les arbres élevés. Se nourrit de charognes et de différentes chairs pourries. Autrefois, il vivait dans toute l'Europe, en Afrique du Nord et de l'Est, pratiquement dans toute l'Asie et l'Amérique du Nord; aujourd'hui, il a presque complètement disparu dans de nombreuses régions d'Europe.
Corvus corax

367

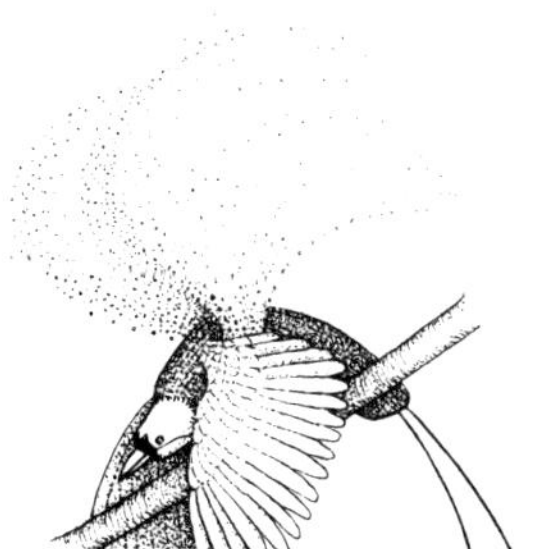

Parade nuptiale du **Paradisier apode** *(Paradisea apoda)*

368

La plupart des 40 espèces d'Oiseaux de Paradis (Paradiséidés) ont de belles couleurs et un beau plumage, mais on ne peut parler de leur chant. La chasse à leurs plumes ornementales a été catastrophique pour plusieurs espèces. De nos jours les Paradisiers sont protégés dans leur

369

habitat, surtout la Nouvelle-Guinée et certaines îles voisines, les Moluques et le Nord-Est de l'Australie. Les Paradisiers vivent surtout dans les branches des arbres, et c'est là qu'ils exécutent leurs parades nuptiales. Ils prennent alors parfois des positions incroyables, avec leurs plumes ornementales déployées ou dressées, tout en appelant la femelle. Celle-ci pond régulièrement 2 œufs dans un nid cupulaire installé dans les branches. A la saison des nids, le mâle ne s'intéresse qu'à l'accouplement, la couvaison et l'élevage reviennent à la seule femelle, de couleur simple et modeste.

Diphyllode républicain (368) — ce petit paradisier a sept couleurs et divers ornements dont les plus marquants sont deux longues plumes filiformes bouclées au bout, partant du centre de la queue. Vit dans les forêts de la Nouvelle-Guinée et des îles avoisinantes. Le mâle exécute sa parade nuptiale presque toujours sur un tronc vertical ou sur une branche sortant du sol, et aussi à terre. Dans un cercle de quelques mètres autour du pied de l'arbre il déblaye tout, feuilles et brindilles, et dépouille de ses feuilles la branche de « parade ».
Diphyllodes respublica

Paradisier rouge (369) l'une des grandes espèces de Paradisier, dont le mâle porte aux flancs des plumes ornementales et à la queue deux plumes filiformes retroussées en spirale, très longues. Ne vit que sur les îles côtières de la Nouvelle-Guinée, Waigeo et Batanga.
Paradisea rubra

370

Certaines espèces d'Oiseaux à berceaux ou Oiseaux-jardiniers (Ptilonorhynchidés) qui nichent dans les forêts d'Australie et de Nouvelle-Guinée se font, à la saison des amours, des constructions spéciales autour desquelles ils exécutent leurs parades nuptiales. Proches parents des Paradisiers, comme eux ils se nourrissent de fruits, de graines et de petits invertébrés. Tout en volant très bien, ils restent souvent au sol. Leur nid cupulaire est installé à une enfourchure, la femelle y pond 2 ou 3 œufs, et c'est elle qui s'occupe de la couvaison et de l'élevage des petits.

Oiseau à berceau à nuque rose (370) de la taille d'une Corneille, vit dans le busch de l'Australie du Nord. Pas de dimorphisme sexuel, quant à la couleur, mais le mâle porte sur la tête une petite huppe rouge qu'il déploie comme une fleur de cactus dans la parade. Il se consacre à la préparation de sa piste de parade deux longs mois avant de commencer les amours. Sous un buisson favorable, il déblaie soigneusement un petit espace et se met à bâtir une étrange construction voûtée. Il apporte d'abord une couche de brindilles, et sur ce « tapis » de 10 cm d'épaisseur, il enfonce des deux côtés des branchettes de longueur à peu près égale, pour former une sorte de tonnelle longue de 40 à 50 cm, haute de 45 à 55 cm, avec un tunnel intérieur de 25 cm de haut et 15 cm de large. Pour l'ensemble du tapis et de la voûte, il utilise environ 3.500 brindilles. En outre il garnit le sol devant les deux entrées par un tas de choses diverses : coquilles, coquillages, osselets, cailloux, morceaux de verre. Cela lui prend plus d'un

Chlamydera nuchalis

371

372

mois pour apporter, souvent de loin, 2 à 3 km, toute cette décoration dont le poids total atteint 10 à 11 kg. L'Oiseau à berceau à nuque rose ne choisit d'ailleurs que du blanc ou du gris pour ornement. Quand tout est achevé, le mâle se met à chanter et à attirer une femelle en s'installant sur une branche à proximité du nid. Quand elle arrive, commencent les accordailles dans le berceau, avec toute la parade du mâle, plumes déployées, huppe dressée, et voix attirante. Tout cela mène à l'accouplement qui se fait dans le tunnel.

Oiseau-satin d'Australie *Ptilonorhynchus violaceus* (371) mesure environ 30 cm, habite les forêts humides de l'Australie orientale. Ses plumes noires ont un reflet bleu violacé et c'est probablement pour cela qu'il choisit pour orner les alentours de sa tonnelle des objets de couleur bleue. Ses agissements instinctifs sont encore plus compliqués que ceux de l'Oiseau à berceau à nuque rose. Il peint, avec son bec ou une petite branche, voire un bout d'écorce en guise de pinceau, avec un enduit bleu qu'il produit avec sa salive, du charbon de bois et des baies bleues, tout cela mélangé. Il ne dépose des ornements au sol que devant l'une des entrées du berceau. Pour décorer, il utilise souvent des baies bleues et des plumes de perruches.

En Afrique, à Madagascar et dans tout le Sud de l'Asie existe une famille de Passereaux bien représentée, celle des Pycnonotidés. Du total de 112 espèces les plus remarquables sont celles qui se sont adaptées

373

374

à vivre à proximité de l'homme et qui font entendre leurs cris rauques dans les parcs et jardins. Les Bulbuls sont des oiseaux petits mais agiles, à livrée modeste dans laquelle prédominent les tons gris, bruns ou vert olive. Ils se nourrissent de fruits et d'insectes, bâtissent sans grand soin un nid de brindilles et racines dans les arbres et buissons, et la femelle y pond 2 ou 3 œufs.

Pycnonote (372) abondant oiseau, gai et confiant, vivant à proximité des lieux habités de la Méso-
Pycnonotus leucotis potamie à l'Inde. Aime se poser sur un perchoir élevé d'où il guette ses proies ou crie. Notre photographie le montre dans cette position typique.

Bulbul orphée (373) est l'une des espèces les plus bariolées. Habite l'Inde, la Chine et l'Asie
Pycnonotus jocosus du Sud-Est. Cette espèce est elle aussi une typique habitante des villes et villages. Niche non seulement sur les arbres et buissons, mais dans les plantes grimpantes sur les maisons. Son chant, pas très sonore, est composé de doux sons de flûte et de moins agréables cris.

Oiseau bleu (374). Notre photographie montre une femelle. Le mâle a des couleurs encore plus
Irena puella belles, bleu clair et noir velouté. L'Oiseau bleu est parfois rangé dans une famille indépendante, parfois il est apparenté au Loriot, car il lui ressemble fort dans ses mœurs et mouvements. Vit dans les grandes forêts du Sud-Est de l'Asie et de l'Inde, place son nid dans les buissons. Se nourrit exclusivement de fraises et autres fruits, suce volontiers le nectar des fleurs.

Drongo (375) oiseau solitaire des forêts de l'Inde et de Chine, d'un noir brillant, de 27 cm. Gobe
Dicrurus macrocercus adroitement les insectes au vol. Se pose souvent en des endroits surélevés

375

376

377

ou sur l'échine des bêtes à cornes, où il chasse les insectes effrayés par leur proximité. Appartient à la famille des Dicruridés répandue en Afrique, et dans le Sud de l'Asie, jusqu'en Australie.

Picatharte chauve de Guinée (376) oiseau des forêts vierges de l'Afrique occidentale, encore peu connu récemment, à tête presque chauve. Sur ses longues pattes, il saute et gratte à gestes vifs les feuilles en cherchant de petits vertébrés

Picathartes gymnocephalus

378

Aire de répartition géographique du Picatharte chauve de Guinée

379

et articulés. Vit dans les terrains rocailleux. Il ne donne pas au bec la nourriture à ses deux petits, mais la régurgite. Le Picatharte chauve se range dans la famille des Timaliidés à laquelle appartient aussi l'espèce suivante.

Garrulus à huppe blanche (377) 28 cm environ, une huppe dressée sur le crâne, niche de l'Himalaya à Sumatra, en passant par le Sud-Ouest de la Chine et le Cambodge. En dehors de la saison des nids, fourmille en groupes ou en grandes bandes dans les arbres et buissons, en criant sans cesse. Les deux parents couvent 4 ou 5 œufs.
Garrulax leucolophus

Mésange à moustaches (378) sur l'image, les jeunes, couleur cannelle, à longue queue. Forme la famille des Paradoxornithidés. Habite les grandes étendues de roseaux, où elle dissimule son nid, bas au-dessus du sol ou de l'eau. Dans la pénombre où se trouvent les petits, leur gosier rouge bordé de jaune et avec des points lumineux guide les parents pour le nourrissage. Répartie par îlots de l'Europe centrale à l'Asie centrale et jusqu'à l'Amour.
Panurus biarmicus

Paradoxornis heudei (379) récemment n'était connue qu'en un biotope très limité, les oseraies du cours central du Yang-tseu-Kiang, mais l'on vient de constater la présence d'autres aires de nidification dans les territoires de l'U.R.S.S. autour du lac Khanka au Nord de Vladivostok, d'où provient notre photographie. Cette « Mésange-perroquet » se nourrit surtout d'insectes.

380

Leiotryx jaune ou **Rossignol du Japon** (380) connu plutôt parmi les éleveurs sous le nom de « Rossignol chinois », quoiqu'il n'ait rien à voir avec les Rossignols. Son chant est sonore et mélodieux, ses couleurs vives. Habite les forêts d'altitude et la jungle de l'Himalaya au Sud-Est de la Chine. Quête au sol et sur les branches petits insectes et autres invertébrés, ainsi que des fraises et graines. Les deux parents couvent alternativement leurs 3 ou 4 œufs durant douze jours. Les petits quittent le nid dès 8 ou 10 jours.

Leiothrix lutea

381

Gobe-Mouches (ou **Gobemouche**) **nain** (381) appartient à la grande famille des Muscicapidés qui compte environ 330 espèces. Avec son collier rouge-brun et ses grands yeux rappelle le Rouge-gorge, mais à la différence de ce dernier il se tient toujours au faîte des arbres. Niche très haut, dans les creux ou semi-creux des arbres, de l'Europe centrale jusqu'au Kamtchatka et île Sakhaline. Hiverne en Asie du Sud et du Sud-Est.

Ficedula parva

382

383

Aire de répartition
géographique
des Muscicapidés

Les Muscicapidés chassent surtout les insectes au vol. Ils guettent leurs proies et foncent soudain dessus, puis après cet assaut suivi ou non de succès, ils retournent souvent à leur point d'observation. Leur bec aplati, large à la racine, est adapté à cette chasse. Un petit pinceau de plumes raides, à la base du bec, contribue au succès de la chasse. Les Muscicapes sont répandus en Eurasie, Afrique, en Océanie et Australie.

Gobe-Mouches gris *Muscicapa striata* (382) oiseau modeste, sobrement vêtu de gris, qui vit dans les bois mixtes et à feuilles caduques, les jardins, parcs et boulevards bordés d'arbres. Il fait entendre rarement son chant paisible, mais quand il chasse, il lance souvent quelques longs cris. Habite non seulement les forêts d'Europe et de Sibérie mais aussi celles de l'Afrique du Nord. Il hiverne dans les tropiques et le Sud de l'Afrique.

Gobe-Mouches à collier *Ficedula albicollis* (383) se distingue de l'espèce précédente par sa livrée contrastée noir et blanc. Habite les bocages d'arbres à feuilles caduques où il niche dans les trous d'arbres et dans les nichoirs. Aide efficacement les forestiers à lutter contre les insectes nuisibles. Niche par endroits au Sud et à l'Ouest de l'Europe, et en une bande continue à partir de l'Europe centrale jusqu'au cours moyen de la Volga.

Gobe-Mouches narcisse *Ficedula narcissina* (384) typique oiseau des forêts de conifères et d'arbres à feuilles caduques des régions subtropicales de l'Asie et du Japon. C'est une espèce migratrice qui hiverne en Malaisie et dans les îles de la Sonde. Comme le Gobe-Mouches à collier et d'autres espèces de Muscicapes, cette espèce-ci manifeste un dimorphisme sexuel très marqué, la femelle étant dépourvue de ce jaune narcisse qui rend le mâle si voyant.

Beaucoup de membres de la famille des Fauvettes (Sylviidés) peuvent être appelés maîtres chanteurs. Cette virtuosité ne s'accompagne pas de belles couleurs, les Fauvettes sont de petits oiseaux en général de couleur assez terne, souvent dans les tons verts. Elles ont un bec mince, pointu, légèrement incurvé à l'extrémité et se nourrissent principalement d'in-

384

385

386

sectes et divers autres petits invertébrés. En automne et en hiver seulement, elles mangent aussi diverses petites baies. Ce sont des oiseaux actifs, inlassables, toujours grimpant dans les branches touffues des arbres, arbrisseaux, herbages ou jonchaies. La plupart des 400 espèces vivent dans l'Ancien Monde, le continent américain n'en abrite qu'une quantité insignifiante d'espèces.

Fauvette couturière (385) a une façon intéressante de préparer une cachette pour son nid. Elle courbe de grandes feuilles vertes ou plusieurs feuilles plus petites en une sorte de cornet, elle pique des trous dans les bordures des feuilles, avec son bec, puis encore avec ce bec passe dans les trous des fils d'aubier, d'araignée, ou tout autre « fil » naturel. Elle coud textuellement les feuilles. Puis dans ce cornet elle bâtit son nid, très fin, fait de laine animale ou végétale, et la femelle y pond 3 œufs. Quelques espèces de Fauvettes ont une tendance à coudre leur nid, mais la Couturière arrive à la plus grande perfection. A la saison des nids, le mâle de cette espèce voit s'allonger nettement ses deux plumes caudales médianes. Niche en Inde, en Chine du Sud jusqu'en Malaisie et à Java. N'évite pas la proximité des habitations.
Orthotomus sutorius

Cisticole couturière d'Australie (386) se bâtit un nid sphérique dans un enchevêtrement d'herbages, et le coud parfois à des feuilles voisines. Le nid a une ouverture latérale. Elle niche de l'Asie Antérieure à la Chine méridionale et jusqu'en Australie orientale.
Cisticola exilis

387

Les Fauvettes (*Sylvia*) sont répandues sous dix-neuf espèces en Europe, Asie du Sud-Est et quelques espèces en Afrique du Nord. Ce sont des insectivores, mais en automne elles consomment des baies et des fruits.

Fauvette à tête noire (387) la plus tributaire des bois, parmi toutes les Fauvettes d'Europe.
Sylvia atricapilla
Son chant, introduit par un gazouillement rauque où vont et viennent des coups de sifflet sonores, résonne surtout à la cime des arbres. Pourtant elle niche bas dans les broussailles. Le mâle a une calotte noire, la femelle une calotte brun-rouge. Notre photographie montre une Fauvette emportant la fiente des petits. Cette fiente est emballée dans une fine membrane, le « sac à fiente ». Certains parents, dans les premiers jours du nourrissage, avalent même ces sacs. La Fauvette à tête noire niche en Europe, en Sibérie occidentale, Asie antérieure et au Nord-Ouest de l'Afrique.

Fauvette épervière (388) manifeste une prédilection extraordinaire pour les buissons épineux où
Sylvia nisoria
elle cache son nid simple mais solide. A un chant rapide et râpeux dans lequel elle introduit des appels, crécelles roulées et des imitations de cris d'autres oiseaux. Niche en Europe et au Sud-Ouest de l'Asie.

Fauvette grisette (389) de livrée modeste, peu exigeante, niche dans les broussailles, les haies
Sylvia communis
vives. Se faufile sans cesse parmi les branches en quête d'une bestiole à manger. C'est de là que le mâle fait entendre son gazouillement pas trop harmonieux, qu'il lance parfois aussi au cours de son vol nuptial. Les deux parents construisent le nid, caché dans la végétation, à peine au-dessus du sol, et garni sur les bords de toiles d'araignées et de fibres végétales. La Fauvette grisette niche en Europe, en Afrique du Nord, et à l'Est elle va jusqu'au lac Baïkal. Elle est migratrice.

Horéite musicien (390) vit en Extrême-Orient. Mène une vie cachée dans la végétation touffue
Horeites diphone
des rivages et des flancs de montagne. Le mâle exécute son chant de flûte

388

389

391

sonore en position immobile. Le nid sphérique est tissé à l'extérieur de larges brins d'herbe, la couvée compte 4 à 5 œufs roux.

Les Locustelles ont une même vie cachée. On les reconnaît surtout à leur queue à échelons, mais on les entend plus qu'on ne les voit.

Locustelle fasciée (391) vit à l'Est de l'Obi jusqu'à l'île Sakhaline, et hiverne dans les îles de la Sonde. Se faufile dans les herbages et les taillis touffus. Le mâle commence à chanter au sol, s'élève tout en chantant au sommet d'un buisson et resaute à terre. La Locustelle fasciée se construit un nid relativement grand, avec un creux profond, tout près du sol dans le sous-bois épais.
Locustella fasciolata

Rossignol à tête écailleuse (392) par sa taille, sa courte queue et ses mouvements, fait penser au Troglodyte. Niche dans un territoire assez réduit de l'Asie orientale et dans les îles nippones.
Urosphena squameiceps

392

393

Hipolaïs ictérine (393) habite les bois clairs à feuilles caduques, parcs et jardins, depuis le Nord de la France, la Suisse, la Scandinavie du Sud jusqu'à la Sibérie occidentale. Quitte ses aires d'hivernage dans la zone tropicale et le Sud de l'Afrique dès le début du printemps et reprend la longue route du retour dès le mois d'août. L'Hipolaïs est un maître du chant, outre ses propres phrases musicales répétées, elle y introduit des cris d'oiseaux vivant dans son entourage. Elle installe son nid dans un embranchement d'arbre ou de buisson, entre 1 et 3 m de hauteur.

Hippolais icterina

394

Fauvette des roseaux *Acrocephalus schoenobaenus* (394) appartient au nombreux genre Acrocephalus dont la plupart sont attachés à la végétation lacustre tout au moins pour nidifier. La Fauvette des roseaux donne la préférence aux endroits où les oseraies cèdent la place aux herbages avec des buissons isolés. Sur ces buissons, durant toute la saison des nids, le mâle lance à plein gosier son chant fait de trilles, de sifflets et de bourdonnements, tout en s'élançant de temps à autre dans les airs, à la manière de la Fauvette grisette. Niche en Europe, à l'Est jusqu'en Sibérie occidentale.

395

396

397

Rousserolle verderolle (395) à la différence des autres Acrocéphalus, vit souvent loin de l'eau.
Acrocephalus palustris Elle apparaît dans les herbages épais et humides. Faute d'autres occasions, elle s'installe dans les champs de blé, de betteraves ou de trèfle. Une grande partie du jour et souvent même de la nuit résonne autour du nid son chant difficilement définissable, rappelant surtout celui de l'Hipolaïs ictérine. Sait aussi imiter la voix d'autres oiseaux. Fait son nid à la manière typique du Bruant des roseaux, mais toujours au-dessus du sol sec. Niche en Europe et en Sibérie occidentale, hiverne en Afrique orientale.

Rousserolle turdoïde (396), véritable habitante des grands roseaux, où elle grimpe adroitement
Acrocephalus arundinaceus au long des tiges, mais quand le mâle chante, il se pose au sommet, le plus haut possible. Suspend adroitement son nid en forme de panier à un roseau qui traverse ses parois comme un pieu de soutien. D'habitude est placé à une hauteur de 50 à 90 cm au-dessus de l'eau, et la construction elle-même atteint une hauteur de 20 cm. Le matériau de construction est fait de diverses tiges et feuilles sèches. La Rousserolle turdoïde ne niche qu'une fois l'an, en Europe ; la femelle pond de 4 à 6 œufs, et les petits éclosent au bout de 14 à 15 jours de couvaison faite par les deux parents alternativement. Dès l'âge de 12 jours les petits encore incapables de voler quittent leur berceau-balançoire. Niche dans presque toute la région paléarctique. Hiverne en Afrique tropicale et en Asie du Sud-Est.

Pouillot véloce (397), l'un des oiseaux les plus abondants des forêts européennes. Au printemps,
Phylloscopus collybita on entend dans les plaines et les montagnes son petit chant stéréotypé composé de syllabes sans cesse répétées, tsilp, tsalp. Niche en Europe et en Sibérie, en Asie antérieure et en Afrique du Nord-Est.

Pouillot verdâtre (398) typique oiseau forestier d'Europe, du Nord de l'Asie et des régions
Phylloscopus trochilus nordiques. Se distingue du précédent surtout par le chant, dont les notes claires baissent à la fin, et qui ne ressemble en rien à celui du Pouillot véloce. Tous les Pouillots (*Phylloscopus*) dont on connaît environ 50 espèces se font des nids sphériques avec entrée latérale qu'ils placent dans un enchevêtrement de plantes soit directement au sol soit à faible hauteur. La femelle couve beaucoup plus longtemps que le mâle.

398

399

En Eurasie et en Amérique du Nord vivent cinq espèces de petits Roitelets (*Regulus*). Pesant 5 grammes, ce sont les plus petits oiseaux en Eurasie. Remuants et actifs, ils chassent les insectes et araignées dans les arbres et peuvent rester un moment sur place en faisant tournoyer leurs ailes. Ils ne survolent guère de grandes distances. Ils se bâtissent un nid relativement grand et douillet avec de la mousse, du lichen et de la toile d'araignée dans les fourrés épais.

Roitelet triple-bandeau
Regulus ignicapillus

(399) a un dessin bien marqué sur la tête, et est plus coloré que l'espèce suivante. Donne la préférence aux bois mixtes et à feuilles caduques ; vit en Europe, en Asie Mineure et en Amérique du Nord. Seule la femelle couve les 7 à 11 œufs, mais les deux oiseaux participent à l'élevage des petits.

400

401

Roitelet huppé (400) est l'un des oiseaux les plus abondants d'Europe et de Sibérie, vit dans les
Regulus regulus forêts. Même dans les hivers les plus rudes il ne quitte pas sa forêt et, associé à des bandes de mésanges, il entreprend avec elles des randonnées à la recherche de nourriture.

Rouge-gorge (401) commence ses trilles mélancoliques au crépuscule du printemps, et son chant
Erithacus rubecula retentit, sonore, dans l'obscurité, joint à celui du merle, de la draine, de la grive. Tous ces oiseaux, avec 300 autres espèces, appartiennent au genre *Turdus* (Turdidés) répandu pour ainsi dire dans le monde entier. Le Rouge-gorge mâle chante toujours juché sur une haute branche, mais ces oiseaux passent leur vie au sol. Ils élèvent leur progéniture de deux à trois fois par an, et le mâle et la femelle y consacrent des soins exemplaires. Le Rouge-gorge vit en Europe, jusqu'en Sibérie occidentale, et va jusqu'à l'Afrique du Nord et l'Asie Mineure. Les populations nordiques sont migratrices, le Rouge-gorge du Midi et de l'Ouest de l'Europe reste sur place même en hiver.

402

403

404

Iranie rauque (402) a une relativement petite aire d'expansion géographique : Asie Antérieure,
Irania gutturalis
Iran, une partie de l'Asie centrale et l'Afghanistan. C'est un farouche habitant des broussailles qui poussent sur les pentes rocheuses des montagnes et à l'orée des forêts sèches.

Traquet motteux (403) oiseau typique des terrains ouverts — steppes, déserts et versants rocheux
Oenanthe oenanthe
de montagnes. En basse altitude trouve une aire de nidification convenable dans les pâturages rocheux, les éboulis et les dunes. Cache son nid dans les trous et crevasses. Se tient surtout au sol. Le Traquet motteux vit en Europe, en Asie il atteint la presqu'île des Tchouktches en passant par l'Asie Antérieure et centrale. Le Traquet américain, comme européen, hiverne en Afrique, si bien que les oiseaux de l'Alaska y arrivent après un long voyage traversant de biais toute l'Asie, et du Groenland survolant l'Atlantique et l'Europe.

Rouge-Queue noir (404) vivait à l'origine dans les formations rocheuses des montagnes et des
Phoenicurus ochruros
plaines. Au cours des temps, est devenu un fidèle accompagnateur de l'homme, et les bâtiments ont remplacé ses rochers. Dans la montagne, vit nettement au-dessus de la limite des forêts et son chant grinçant est souvent l'unique bruit qui trouble le grandiose silence des altitudes. Mais nous le connaissons davantage sur nos pignons et nos cheminées. Niche dans les crevasses de rochers ou sous les toits des maisons. Habite l'Europe, l'Asie Antérieure et Centrale, ainsi que l'Afrique du Nord-Ouest. Les Rouge-Queues des latitudes plus au Nord sont migrateurs, ils hivernent en Méditerranée et dans l'Afrique du Nord.

Rossignol philomèle (405) estimé à bon droit comme le meilleur chanteur européen. Son chant
Luscinia megarhynchos
clair et sonore, plein de trilles et de notes gaies résonne la nuit et le jour, et ses productions nocturnes ont un charme tout particulier. Pour vivre, le Rossignol a besoin de sous-bois broussailleux. Comme le Rouge-gorge,

405

il cherche sa nourriture surtout au sol. C'est aussi au sol, dans les fouillis, qu'il cache bien son nid fait de feuilles sèches. Ce nid est l'œuvre de la femelle, qui couve aussi seule durant 13 jours ses 5 œufs brun olivâtre. Le Rossignol niche en Europe, en Asie du Sud-Ouest et dans le Nord-Ouest de l'Afrique.

Gorge-Bleue (406) *Luscinia svecica* proche parente du Rossignol, quoiqu'elle ait de plus belles couleurs. Habite les régions Nord de l'Europe et une grande partie de l'Asie orientale.

406

Migrations du Rossignol d'Europe

407

Forme quelques races géographiques. Sur notre photographie est représentée la Gorge-Bleue scandinave avec une tache rouge sur la poitrine. La Gorge-Bleue niche au sol dans la végétation touffue des bords de l'eau.

Rouge-Queue à front blanc (407) réplique, en plus beau, du Rouge-Queue noir, niche dans les creux et semi-creux les plus divers, surtout dans les bois à feuilles caduques et mixtes des plaines et dans les bois de conifères des montagnes, jusqu'à la limite des forêts. Présent à partir de l'Afrique du Nord-Ouest, dans toute l'Europe, jusqu'en Sibérie centrale.
Phoenicurus phoenicurus

Monticole des forêts (408) peu connu jusqu'à présent, habite les forêts de conifères et les forêts mixtes de l'Extrême-Orient. A la différence des autres membres de la famille des Monticoles, n'est pas tributaire des formations rocheuses.
Monticola gularis

Parade nuptiale du Rouge-Queue à front blanc

408

409

Traquet tarier (409) oiseau des terrains ouverts des plaines, plateaux et montagnes. On le rencontre le plus souvent dans les prairies humides ou marécageuses où çà et là ressortent des arbustes dans l'herbe haute. C'est là que le mâle lance son chant d'amour grinçant, mélangé de divers sifflements et imitations d'autres voix d'oiseaux. Le nid, œuvre de la femelle, est toujours bien caché au sol, dans des touffes drues ou au pied d'un buisson. Niche en Europe et atteint le Iénisséï sur une étroite bande.
Saxicola rubetra

410

Traquet pâtre (410) recherche le même biotope que le Traquet tarier, mais ne va pas si haut dans
Saxicola torquata

la montagne et ne se montre pas tant tributaire de milieux humides. Niche également dans un enchevêtrement de plantes vivaces au sol. La femelle pond de 4 à 6 œufs bleu verdâtre tachetés de brun-rouge, qu'elle couve durant 14 jours. Les deux parents prennent soin des petits. Le Traquet pâtre est largement répandu en Europe, Asie, Afrique et Madagascar. Les aires d'hivernage des populations européennes et asiatiques se trouvent en Afrique du Sud, au Sud du Sahara et en Asie du Sud.

412

Grive litorne (411) unique espèce de Turdidé vivant toute l'année en société. Le chant est un
Turdus pilaris
gazouillement un peu grinçant qu'elle lance surtout en vol. Cette Grive est répandue depuis l'Europe centrale et la Scandinavie jusqu'au Baïkal et au cours moyen de la Lena. En hiver, des grandes migrations, très nombreuses, se font vers l'Europe centrale et Sud-Occidentale.

Merle roux (412) ressemble fort au Merle chanteur, mais tout son ventre est sans taches et il
Turdus hortulorum
a les flancs roux. Habite les bois clairs de chênes et les vallées embroussaillées des rivières. Sont chant a des variations plus riches et plus harmonieuses que celui du Merle chanteur. Vit à l'Est de l'Asie dans la région de l'Oussouri, en Mandchourie et en Corée.

Merle noir (413) habitant à l'origine la forêt, il est devenu un oiseau des villes même en hiver.
Turdus merula
Répandu dans toute la zone tempérée d'Europe jusqu'à l'Oural, en Afrique du Nord-Ouest, et dans la zone chaude de l'Asie, à travers l'Inde jusqu'en Chine orientale. Son chant enchanteur, plein de sons de flûte, le range parmi les meilleurs chanteurs.

413

414

Merle Schamas (414) avec une très longue queue graduée, est un habitant de l'Inde et de l'Indonésie. Vit dans la jungle épaisse où il niche dans les trous d'arbres et les enchevêtrements de racines bas au-dessus du sol. Remarquable chanteur, il est souvent gardé en cage dans son pays.
Kittacincla malabarica

Troglodyte (415) l'une des 62 espèces d'une famille nombreuse vivant en Europe, Asie et Afrique du Nord ; toutes les autres espèces sont de typiques oiseaux des deux Amériques. C'est un petit oiseau remuant, avec une petite queue qu'il tient à la verticale et de courtes ailes. Il se meut adroitement dans son milieu favori, ramilles et racines enchevêtrées, dans les éboulis et près des cours d'eau. Il est très curieux, et dès que quelque chose l'inquiète il pousse une roulade d'avertissement « tserrr ». Son chant est étonnamment sonore et aigu. C'est l'un des rares oiseaux à chanter au cœur de l'hiver. Il est surtout sédentaire, mais les populations nordiques sont migratrices et vont hiverner jusqu'à 1.000 km et plus vers le Sud.
Troglodytes troglodytes

Accenteur mouchet (416) représentant d'une petite famille (unique ordre de 12 espèces) à laquelle appartiennent les oiseaux de la coloration du moineau avec un bec de Mésange. Se construit un nid ouvert, avec de la mousse, et le dissimule bien. La femelle y pond 4 à 6 œufs vert-bleu. Les populations de l'Europe
Prunella modularis

41

41

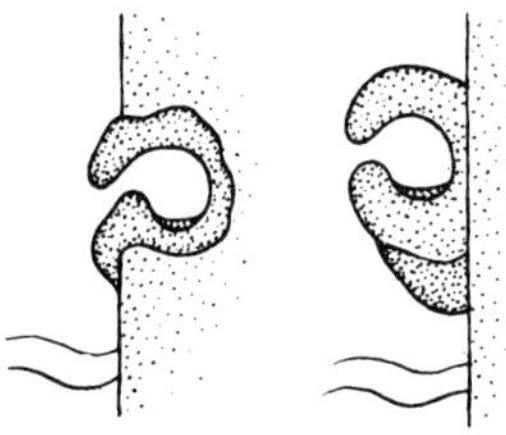

Coupe d'un nid de Cincle plongeur

418

du Nord migrent vers les régions du Midi et du Sud-Ouest, mais il est courant que certains individus passent l'hiver chez eux.

Cincle plongeur ou **Merle d'eau** (417) avec quatre autres espèces répandues en Eurasie, Afrique du Nord et Amérique occidentale, sont les uniques oiseaux chanteurs vivant comme de vrais oiseaux aquatiques. Habitent les ruisseaux et torrents caillouteux des montagnes et versants montagneux. Savent courir au fond d'une eau rapide, et rester une demi-minute sous l'eau. Se construisent de grands nids spacieux, faits de mousse et plantes aquatiques, sous les ponts, souvent même sous les chutes d'eau des lacs. Elèvent deux fois l'an de 4 à 6 petits qui savent nager et plonger avant de savoir voler. Ne quittent pas leur domicile même en hiver.
Cinclus cinclus

Pipit des arbres (418) du groupe de 39 espèces d'oiseaux tachetés de brun vivant surtout au sol, qui forment une famille avec les Bergeronnettes. Le Pipit des arbres se pose sur les arbres mais, comme les autres, niche au sol. Pond 4 à 6 œufs finement tachetés de brun gris et rouge, de coloration si variable que l'on ne trouve pas deux couvées identiques. Le Pipit se distingue surtout par son chant. Tout en baragouinant harmonieusement, il s'élève dans les airs puis, ailes étendues, descend au sol tout en laissant descendre ses sons. Oiseau migrateur, dont les espèces européennes passent l'hiver dans les régions méditerranéennes.
Anthus trivialis

419

Bergeronnette des ruisseaux (419). A la différence du Pipit des arbres, la Bergeronnette change
Motacilla cinerea
de robe au printemps, à la saison des amours, et le mâle reçoit alors des couleurs plus vives. On la reconnaît à son vol, et à chaque saut elle fait entendre sa claire voix métallique. Répandue de façon sporadique en Europe occidentale et centrale, en Asie centrale jusqu'au Japon, et en Afrique du Nord. Affectionne les ruisseaux rocailleux à cours rapide, des plaines ou des montagnes. Installe le plus souvent son nid dans les parois rocheuses des bords de l'eau, dans les berges abruptes parmi les racines d'arbres, souvent aussi sur diverses constructions au long des rives. Pond 5 à 6 œufs ocre, couverts de fines taches foncées, très serrées, et ce deux fois l'an régulièrement. Les populations méridionales sont sédentaires, les nordiques migrent en direction du Sud-Ouest vers la Méditerranée et l'Afrique du Nord, on peut aussi voir des oiseaux isolés auprès des ruisseaux, en hiver, en Europe centrale.

Bergeronnette grise (420) est la plus abondante Bergeronnette. Habite une aire étendue englo-
Motacilla alba
bant presque toute l'Eurasie y compris le Japon, et les régions côtières de l'Afrique du Nord-Ouest, sauf dans les régions les plus septentrionales arctiques. Vit à proximité de l'eau, mais on peut la rencontrer dans les champs et les prés, même dans la montagne haut au-dessus de la limite des forêts. C'est l'une des espèces qui aiment le voisinage de l'homme. Choisit pour son nid des bâtiments tels que étables, ponts, terrasses, mais

niche aussi dans les trous d'arbres et les crevasses. Pond 2 fois l'an, en avril et en juin, 5 à 6 œufs blanchâtres recouverts de taches gris-brun. Très fréquemment hôte du Coucou. A l'automne, on les voit s'envoler en grandes bandes pour aller passer la nuit dans les oseraies, comme le font les Etourneaux et les Hirondelles. Les populations nordiques sont migratrices, leur principale aire d'hivernage est la Méditerranée et l'Afrique du Nord. Au printemps, elle est l'une des premières messagères du renouveau.

Bergeronnette printanière (421) c'est une Bergeronnette jaune, à queue plus courte que la
Motacilla flava
Bergeronnette des ruisseaux. Forme 22 races en Europe, Asie et Afrique du Nord, qui se différencient par la coloration de la livrée du mâle à la saison des amours. Notre photographie montre la race nord-européenne *M. f. thunbergi* à tête foncée. La Bergeronnette printanière vit dans les champs, les prés et les jachères, et niche toujours au sol. Migre en Méditerranée et en Afrique tropicale, les populations orientales vont en Asie du Sud.

420

421

422

423

Bergeronnette des forêts (422) habite les forêts de chênes de l'Asie orientale. Forme une sorte *Dendronanthus indicus* de transition entre la Bergeronnette et le Pipit. Comme ce dernier, porte la même livrée au printemps et en été, et elle n'a pas de dimorphisme sexuel. Niche cependant sur les arbres où elle bâtit un nid ouvert sur une branche horizontale.

Les Mésanges forment la famille des *Paridae* à laquelle appartiennent les plus nombreuses espèces d'oiseaux arboricoles. Avec leurs courtes ailes elles ne sont pas bons voiliers, elles ont un bec pointu et dur, convenant aussi bien à piquer les insectes dans l'écorce des arbres qu'à décortiquer les graines les plus diverses en hiver. Elles émettent un son particulier, mais on ne peut à leur propos parler de chant. Vivent dans toute la zone boisée des régions paléarctiques, au nombre de 45 espèces avec de nombreuses races géographiques. Dans les forêts et les vergers, elles sont le moyen biologique le plus naturel et le plus sain dans la lutte contre les insectes nuisibles.

Mésange huppée (423) la moins abondante des Mésanges, presque exclusivement tributaire des *Parus cristatus* forêts de résineux. Trahit sa présence par ses sonores cris d'avertissement, « tsi-gurrr » répétés. En Europe, vit des Pyrénées et des Alpes jusqu'à l'Oural, au Nord arrive jusqu'au cercle polaire. Niche dans les trous d'arbres, à faute d'autre dans les souches pourries, et, comme toutes les Mésanges, s'installe volontiers dans les nichoirs. Pond de 7 à 10 œufs avec un pointillé brun rougeâtre sur fond blanchâtre. Niche régulièrement deux fois l'an, et d'habitude la deuxième nichée est plus nombreuse que la première.

424

425

426

Mésange bleue (424) est, avec la Mésange charbonnière en compagnie de laquelle on la rencontre
Parus coeruleus
souvent, l'espèce la plus courante de Mésanges. Elle donne la préférence aux bois de feuillus, aux parcs et jardins. Elle évite les forêts de conifères, et ne monte pas haut dans la montagne. Elle a une répartition plus réduite que la charbonnière : outre l'Europe, elle vit en Afrique du Nord, en Asie antérieure, et, à l'Est, atteint l'Oural. Niche dans les creux d'arbres. Pond le plus souvent de 10 à 14 œufs, dont la couleur ne se distingue pas de celle des autres Mésanges. En hiver, se déplace souvent en bandes communes avec d'autres espèces de Mésanges ; certains oiseaux d'Europe centrale et septentrionale, surtout les jeunes, migrent jusqu'en Italie, en France et en Espagne.

Mésange noire (425), aime les bois de conifères des plaines jusqu'à la limite des arbres dans la
Parus ater
montagne. Est largement répandue depuis l'Atlas, en Afrique du Nord, à travers toute l'Eurasie jusqu'au Kamtchatka et au Japon. Dès les premiers jours d'avant le printemps on entend se répondre pas très loin les uns des autres les mâles, avec leur appel rythmique « vitse, vitse, vitse », mais sur un rythme qui change souvent. La mésange noire niche dans les trous d'arbres, mais comme dans nos forêts de conifères elle ne trouve plus beaucoup de trous naturels, elle se contente d'une souche pourrissante ou d'un trou dans la terre. Elle pond 8 à 10 œufs deux fois l'an, parfois trois fois. En hiver erre dans un large cercle environnant, parfois à des centaines de kilomètres, et on la voit souvent en nuées dans les parcs et jardins des villes.

Mésange charbonnière (426, 427) la plus répandue des Mésanges, et la moins exigeante quant
Parus major
au biotope, abondante dans les bois de toutes espèces, dans les parcs et jardins des villes. Répandue dans toute l'Eurasie sauf les régions non

427

boisées, jusqu'aux îles de la Sonde et en Afrique du Nord-Ouest. Elle se signale par les appels du printemps des mâles, aux consonnances métalliques et sur des rythmes différents, où l'on reconnaît le « tsi tsi ba » et le « ti ti si ». Niche dans un trou quelconque d'arbre ou de bâtiment, souvent de façon très curieuse. Pond ordinairement de 10 à 12 œufs, deux fois l'an. Seule la femelle couve, mais le mâle participe au nourrissage, qui a une énorme fréquence : les parents vont et viennent au nid de 400 à 600 fois, ce qui représente environ 750 grammes d'insectes. On peut aisément maintenir un haut degré de cette espèce importante au point de vue économique en installant des nichoirs, qu'elle accepte volontiers. En hiver, fait des apparitions irrégulières en Europe centrale jusque dans le bassin de la Volga.

Mésange rémiz (428) *Remiz pendulinus* petit oiseau, proche parent des mésanges et admirable constructeur. Son nid est le plus souvent suspendu à un mince rameau terminal de saule, bouleau ou tremble, au-dessus de l'eau. Niche irrégulièrement deux fois l'an et pond de 6 à 8 œufs blancs non tachetés. Vit près de l'eau, dans les

429

roseaux, par endroits, en Europe et en Asie centrale dans la région du Baïkal. En hiver passe en bandes en diverses directions vers des régions méridionales riches en roseaux.

Mésange à longue queue (429) oiselet connu, proche parent des Mésanges, très grégaire.
Aegithalos caudatus Remuant sans cesse, ils se tiennent tous ensemble, et leur sociabilité va si loin qu'ils passent ensemble la nuit, serrés les uns contre les autres, et lors de la nidification les couples aident souvent au nourrissage d'oiseaux étrangers. Se bâtit deux fois l'an un nid sphérique fermé, où

430

sont pondus 7 à 14 œufs aux taches à peine perceptibles. Vit en Europe, et en Asie jusqu'au Japon. C'est un oiseau sédentaire, qui forme plusieurs races géographiques.

Sittelle torchepot (430) surprend par sa mobilité, sa façon adroite de grimper sur les troncs d'arbre. Il est le seul parmi les oiseaux à rétrécir l'entrée de son nid avec de la boue et à en garnir le creux avec des bribes plates d'écorce. C'est l'un des rares oiseaux sédentaires qui reste toute l'année dans son aire de nidification. Il est répandu du Maroc jusqu'à toute l'Eurasie.

Sitta europaea

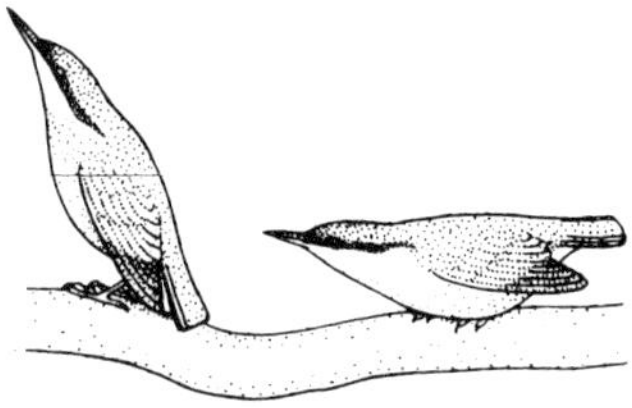

Phase de la parade nuptiale de la Sittelle : le mâle provoque la femelle en lui tournant le dos

431

432

Sittelle à front noir (431) c'est la plus colorée des Sittelles, avec le dessus de la tête et le dos bleu, le front noir et le bec rouge. Vit dans les bois de feuillus de l'Asie du Sud-Est.
Sitta frontalis

Grimpereau des jardins (432) l'une des cinq espèces de chanteurs exclusivement grimpeurs. Petits oiseaux de teinte brune, apparentés aux Mésanges. Ils grimpent toujours du pied de l'arbre vers le haut, en prenant appui sur les plumes de leur queue. Le Grimpereau des jardins niche le plus souvent sous une boursouflure d'écorce et pond deux fois l'an 6 ou 7 œufs semblables aux œufs de Mésange. Vit en Europe occidentale, centrale, les Balkans, dans l'Atlas et en Afrique du Nord.
Certhia brachydactyla

Mainate religieux (433) très sociable, comme tous les autres Etourneaux (Sturnidés). Doué d'une grande capacité d'apprendre, il est un favori, en captivité, dans sa patrie, l'Inde et Ceylan. Il sait imiter les sons les plus divers, et la parole humaine, mieux que le perroquet. Habite la montagne sylvestre, se nourrit surtout de fruits, et partiellement d'insectes.
Gracula religiosa

433

435

436

Etourneau sansonnet (434) oiseau à la fois aimé et détesté, qui par son caractère agressif et aussi grâce à l'aide de l'homme s'est répandu sur presque toute la terre. C'est le représentant typique d'une famille qui comprend 111 espèces d'oiseaux robustes de la taille d'une pie. Les espèces sombres à reflets métalliques prédominent. Il est très vorace, et détruit de grandes quantités d'insectes, vers et limaces, mais est aussi un destructeur de vergers et vignobles. Vit par couples, mais niche volontiers en groupes dans les cavités d'arbres ou de bâtiments. Pour occuper un trou, il est très agressif, ne se gêne pas pour envahir celui d'un autre, souvent même s'empare de celui que vient tout juste de se creuser un Pic. L'homme a contribué à sa forte expansion en mettant des nichoirs à sa disposition, vieille coutume en de nombreux pays, et qui remonte au Moyen Age. L'Etourneau sansonnet pond de 4 à 6 œufs bleu pâle, et niche régulièrement deux fois l'an à basse altitude. Les deux sexes s'occupent bien des enfants. Après la nidification les jeunes errent par bandes nombreuses et passent la nuit ensemble, dans des roseaux. Dans les dernières années, on les a vus passer la nuit de plus en plus souvent sur les hauts bâtiments, à l'intérieur des grandes villes. Les populations nordiques sont migratrices, mais dans de nombreuses villes d'Europe l'Etourneau est devenu un hôte courant de l'hiver.
Sturnus vulgaris

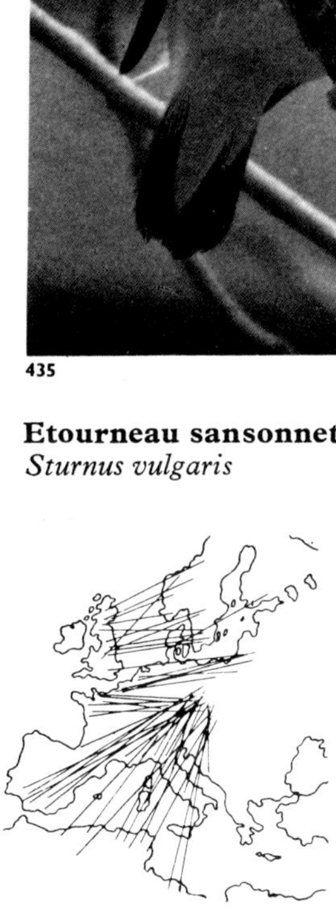

Voies de migration d'Europe de l'Etourneau sansonnet

Etourneau gris (435) espèce asiatique, gris cendré au-dessus, blanc sur le ventre et la poitrine, ailes noires aux reflets métalliques. Ne niche qu'en Chine centrale et méridionale. Migre, rarement, jusqu'aux Philippines.
Sturnus sericeus

Martin huppé (436) d'un groupe de 6 espèces sud-asiatiques, plus grandes que l'Etourneau. Se distingue par sa coloration noire et une caractéristique touffe de plumes dressées sur le front. Abondant de la Chine centrale jusqu'en Malaisie. A été introduit en Amérique du Nord, où sa population a grandi autour de Vancouver.
Acridotheres cristatellus

437

Martin de Rothschild (437) espèce rare et menacée, qui ne vit que sur l'île de Bali près de Java.
Leucopsar rothschildi N'a été découverte qu'en 1910. On tente de la multiplier dans les jardins zoologiques. Se nourrit surtout de fruits.

Spréo superbe (438) l'un des plus colorés, d'un groupe de 45 espèces d'Etourneaux exclusivement
Spreo superbus africains. Se distingue par ses plumes noires, vertes ou bleues très brillantes, et ses yeux jaune clair. Cet oiseau sociable habite le bush, la savane avec des acacias dans lesquels il établit un nid sphérique peu soigné. Collecte surtout au sol sa nourriture animale. Apparaît volontiers à proximité des habitations humaines. Vit en Afrique orientale.

Merle à oreilles bleues (439) largement répandu du Sénégal et du Cameroun jusqu'en Ethiopie
Lamprotornis chalybaeus et au Kenya. Habite les régions boisées, le bush, et est la seule espèce d'Etourneau à se montrer dans les oasis des déserts. Niche dans les trous d'arbres, les troncs abattus, ou se fait un nid d'herbes sèches. Ne pond que 2 ou 3 œufs bleu clair avec des taches brunâtres clairsemées. Se nourrit d'insectes, surtout de criquets, ainsi que de fruits divers et va même dans les champs chercher des graines. C'est un oiseau criard, et la nuit, rassemblé en masse dans les buissons au-dessus des eaux, il organise des concerts assourdissants.

438
439

440

Etourneau irisé (440) l'un des Etourneaux aux plus belles couleurs vivant en Afrique occidentale.
Coccycolius iris Plus petit que le Sansonnet, on le rencontre en petites bandes dans le bush et la savane ouverte; il évite les forêts. Se nourrit surtout de fourmis, on l'observe souvent sur les terres brûlées après les incendies de la steppe, à récolter les fourmis mortes.

Quitquit-saï ou **Gigit** (441) représentant d'une famille exclusivement américano-tropicale de
Cyanerpes cyaneus 37 espèces de Quitquit (*Coerebidae*), petits oiseaux aux couleurs bariolées et brillantes, qui ressemblent au Souï-manga. Le Quitquit-saï habite la forêt tropicale du Mexique au sud du Brésil. Il pique les fleurs de côté pour en extraire le nectar, mais il se nourrit aussi de fruits sucrés et capte les insectes au vol. Se construit un nid en coupe, ouvert, et pond 2 œufs blancs finement tachetés. Sa belle livrée, combinaison de noir et de bleu-mauve avec des reflets turquoise, le mâle ne la porte qu'à la saison des amours ; dans la suite il est plus modestement en vert olive avec un ventre jaunâtre, comme la femelle.

Dacnis rayé (442) vit dans la forêt vierge tropicale dans la partie Nord de l'Amérique du Sud,
Dacnis lineata de la Bolivie au Brésil central. Du groupe des Quitquit qui se rapproche le plus des Tangaras. Se nourrit surtout de fruits sucrés, préfère la banane, mais capture aussi des insectes. Son nid est une construction aux parois minces de fins fils, dans laquelle la femelle seule reste sur ses deux petits œufs bleus à taches brunâtres, mais le mâle l'aide ensuite à nourrir les petits.

441

442

443

444

Zosterops à dos gris ou **Oiseau à lunettes** (443) de même que les 80 et plus autres espèces
Zosterops lateralis d'oiseaux de la famille Zosterops, celui-ci a un cercle blanc autour de l'œil. Il est répandu en Afrique, Asie du Sud et de l'Est, et toute la région australienne. Se nourrit surtout de petits insectes, mais beaucoup d'espèces de Zosterops piquent les fleurs et les fruits doux pour en aspirer le suc avec leur langue. Se construit un nid ouvert, pond 2 à 4 œufs qui ont la plus courte période d'incubation parmi les oiseaux : seulement 10 ou 11 jours.

Souï-manga (444), c'est un Méliphage, l'une des 108 espèces ornant les régions tropicales et
Nectarinia kilimensis sub-tropicales du monde entier, sauf l'Amérique. Comme le Colibri, il vole sur les fleurs et aspire le nectar avec son long bec mince et un peu recourbé. Le Souï-manga est une espèce africaine abondante des plateaux de la région équatoriale. Il vit par couples, comme tous les Melliphages, et se construit un nid fermé avec entrée latérale dans les fins rameaux terminaux des arbres.

Sylvette couronnée (445) représente une famille nombreuse de plus de 120 espèces de petits
Dendroïca coronata oiseaux agiles. Beaucoup, en Amérique, appartiennent aux oiseaux les

445

446

447

plus abondants. Partout on les aime, car ils détruisent beaucoup d'insectes, c'est leur principale nourriture. Elles sont abondantes à animer parcs et jardins des villes. Les espèces vivant plus au Nord entreprennent à l'automne des migrations collectives vers les étendues méridionales. La Sylvette couronnée vit dans les forêts de conifères au Canada et aux Etats du Nord des Etats-Unis.

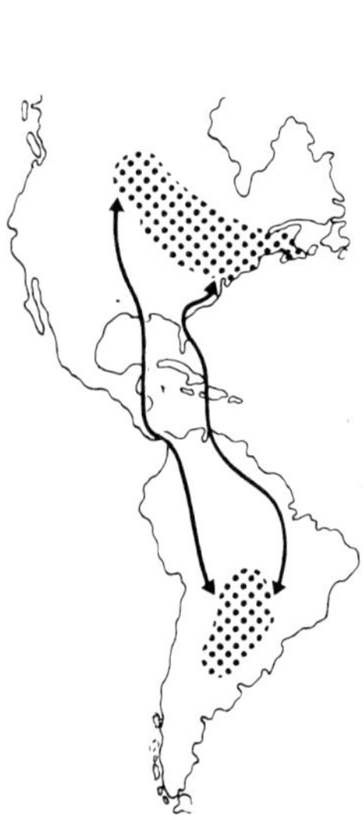

Migration du Bobolink

Les Guêpiers (*Icteridae*) sont une famille caractéristique du continent américain, avec 94 espèces. Par la couleur, ils ressemblent aux Etourneaux et aux Loriots, mais en réalité ils sont apparentés aux Tangaras et aux Pinsons. Ils se distinguent en général par un long bec pointu de foıme conique, et chez beaucoup d'espèces la mandibule supérieure dépasse. Il n'y a pas de dimorphisme sexuel, sauf que la femelle est un peu plus petite. Nombreux sont ceux qui chantent bien. Certains se nourrissent surtout de nectar, de fruits ou de graines, d'autres en grande partie d'insectes; les plus grandes espèces mangent même de petits vertébrés. Le Guêpier Pique-bœuf capture les insectes directement sur le bétail. Les Guêpiers forment souvent des colonies pour nicher. Se construisent le plus souvent des sacs profonds, admirablement suspendus à des rameaux terminaux d'arbres. Les oiseaux vivant en communauté sont souvent polygames. Dans le groupe des Guêpiers pique-bœufs nous rencontrons un exemple de pur parasitisme nidificateur, cette espèce pondant ses œufs dans le nid d'autres espèces. Ils opèrent autrement que le Coucou

448

pour pondre, font amitié avec l'oiseau-hôte, souvent même en dehors de la saison des nids, et plus tard, à un moment propice, la femelle pond son œuf.

Guêpier soyeux (446) *Amblycercus holosericeus* n'a qu'une vague indication de crête frontale. Se nourrit de nectar et de fruits. La femelle couve deux œufs, souvent sur les arbres à nids de guêpes. C'est une espèce tropicale, répandue du Sud du Mexique à l'Equateur, au Pérou et à la Bolivie.

Carouge d'Haïti (447) *Icterus dominicensis* vit dans les régions ouvertes de la brousse de l'Amérique centrale et sur les îles de la région des Caraïbes. Quand il vole, dans sa livrée noire luit étrangement le jaune des taches d'épaule et du croupion. Visite volontiers les fleurs d'agave. Suspend son nid aux rameaux terminaux d'un arbre, haut au-dessus du sol. C'est un souple petit panier tissé de fibres végétales, dans lequel la femelle pond de 4 à 5 œufs.

Bobolink (448) *Dolichonyx oryzivorus* abondant et bien connu en Amérique du Nord, la forme de son corps et le bec rappellent les fringillidés. Dans la livrée printanière, chez le mâle le blanc domine au-dessus, la tête et le dessous du corps sont noirs ; ce retournement de coloration — le dessus clair, le dessous sombre — est un fait unique parmi les oiseaux chanteurs. La femelle est brunâtre avec des raies sur la tête. Le Bobolink niche au sol, dans les fourrés touffus, et élève d'habitude 5 à 7 petits. Après la nidification il forme de grandes bandes qui s'abattent sur les champs de céréales et y causent de grands dommages. A l'automne migre jusqu'au Brésil et en Argentine.

449

450

Carouge (449) abondamment répandu au Venezuela et dans les îles voisines, où il habite les bois
Icterus icterus
clairs et les jardins. Après la nidification le mâle perd sa belle livrée noir-orangé, et est alors d'un banal vert olive comme la femelle. Souvent gardé en captivité pour son chant agréable, un son de flûte.

La nombreuse famille des Tangaras (Thraupidés) avec plus de 200 espèces, répandues surtout dans la zone tropicale de l'Amérique centrale et du Sud, comporte des caractères de Fringillidés et de Guêpiers. Il en est parmi eux qui ont des couleurs éblouissantes. La plupart n'ont pas de dimorphisme sexuel, seulement chez quelques espèces le mâle a une livrée plus brillante. Se nourrissent de graines, baies et fruits divers, certains de nectar et en partie d'insectes. Nid en forme de coupe, où sont pondus 2 à 4 œufs bleus tachetés de brun rouille.

Tangara de Cuba (450) unique Tangara vivant à Cuba, où il se rencontre couramment dans les
Spindalis zena
forêts et les parcs ou jardins des villes. Vit par couples, et après la nidification s'envole par petites bandes vers les plantations d'orangers pour becqueter les fruits.

Tangara multicolore (451) espèce du Brésil oriental, souvent élevée en captivité pour la splendide
Tangara fastuosa
coloration des deux sexes, en dehors de la mue, avec des vert-bleus scintillants et des taches d'un jaune intense sur la queue. Comme celui de tous les Tangaras, sont chant est médiocre.

451

Aire de répartition du Tangara

452

A côté des familles des Gobe-mouches et des Fauvettes, la famille des Fringillidés, avec environ 450 espèces, appartient aux plus grandes espèces du genre. Les Fringillidés ont le bec court, conique et dur, car ce sont surtout des granivores, mais les jeunes sont nourris d'insectes pour la plupart. Le nid est ouvert, bien fait, dans les buissons et sur les arbres, mais souvent aussi au sol. Vivent par couples, mais sont très sociables en dehors de la saison des nids. Répandus sur tout le globe sauf Madagascar et les régions australes.

Verdier (452) abondant dans les parcs, jardins, cimetières et orées des bois. Charme, au printemps, par les sons clairs de clochette qu'il émet en plein vol, en déployant ses ailes. Niche de préférence dans les végétations de résineux basses, jusqu'à trois fois l'an. En dehors de l'Europe, répandu en Afrique dans les pays de l'Atlas et en Asie centrale.
Carduelis chloris

Linotte mélodieuse (453) se range parmi les meilleurs chanteurs. Vit dans les mêmes endroits que le Verdier et a la même répartition. Au printemps, le mâle se pare de taches de carmin sur le front et la poitrine.
Carduelis cannabina

Sizerin flammé (454) habite, sous quelques races, dans les régions de toundras d'Europe, d'Asie et d'Amérique. Plus au Sud, niche en Angleterre et à la limite des forêts en Tchécoslovaquie, où, au cours des dernières années, il se répandit
Carduelis flammea

453

454

456

jusqu'à des altitudes plus basses. En certaines années, à l'automne et en hiver des oiseaux venus du Nord envahissent en quantités énormes toute l'Europe centrale.

Chardonneret (455) oiseau de volière favori, pour ses belles couleurs et son chant agréable. *Carduelis carduelis* Répandu partout en Europe sauf les régions septentrionales et boisées, en Asie jusqu'au Baïkal et dans toute l'Afrique du Nord. Il est devenu courant en beaucoup d'endroits en Amérique, en Australie et en Nouvelle-Zélande, où l'homme l'a introduit.

Bec-croisé des sapins (456) oiseau sans patrie, qui déménage sans cesse d'un bois de résineux *Loxia curvirostra* à un autre, selon la quantité de pommes de pin à récolter, car les pignes sont presque exclusivement sa seule nourriture. Leurs déplacements vont jusqu'à quelques milliers de kilomètres. Unique chanteur à nicher régu-

457

lièrement en hiver, même sous des gelées de −35°C. On le rencontre en Afrique, sur les plateaux de l'Atlas, en Eurasie et en Amérique du Nord.

Roselin rose (457) vit caché dans la haute montagne du plateau de T'ien-chan en Asie centrale. Niche dans les zones de haute altitude, dans les forêts de conifères ou sur les cailloutis dénudés. Le mâle a la tête, la poitrine et le dos rose, avec des reflets argentés.
Carpodacus rhodochlamys

Bouvreuil pivoine (458) attire l'attention surtout en hiver, quand sur les buissons dégarnis brillent les ventres rouges des mâles picorant en bandes graines et baies. Niche habituellement dans les bois mixtes et de conifères, mais aussi dans les parcs et jardins des villes. Répandu dans presque toute l'Europe et dans les régions boisées d'Asie jusqu'au Japon. Le nid est souvent caché dans des taillis de pins. Pond 4 à 5 petits œufs azurés avec de petits pointillés roux et des nuages gris cendrés, régulièrement deux fois l'an. Les oiseaux des régions septentrionales reculent vers le Sud avant l'hiver, où ils se différencient des oiseaux indigènes par une plus grande taille.
Pyrrhula pyrrhula

Bouvreuil à longue queue (459) avec sa longue queue étagée, ses larges rectrices blanches et sa poitrine d'un beau rose, c'est le seul apparenté au Bec-croisé. Répandu du Sud de la Sibérie jusqu'à Sakhaline, le Japon et la Chine méridionale, où il niche dans les buissons près des rivières de montagnes.
Uragus sibiricus

Serin cini (460) oiseau originairement méditerranéen, qui s'est soudain répandu vers le Nord au cours du siècle dernier. A l'époque actuelle il niche régulièrement dans les régions de la Baltique et on a signalé des premières nidifications en Angleterre et au Sud de la Suède. Habite les endroits plus chauds, même dans la montagne, toujours à proximité des habitations humaines. Son chant est une sorte de gémissement incessant. Niche volontiers sur les arbres fruitiers. De ses nouvelles aires, il revient vers la Méditerranée
Serinus serinus

460

Expansion progressive du Serin

461

pour hiverner, mais de plus en plus souvent de petites bandes hivernent sur les décombres envahis d'herbes, dans les villes.

Gros-bec à tête noire (461) habite l'Extrême-Orient, vit dans les bois feuillus de Mandchourie, de la Chine orientale et de Corée.
Eophona personata

Gros-bec (462) parmi les 9 espèces de Gros-becs, c'est lui qui a le bec le plus fort, avec lequel il peut décortiquer même les noyaux de cerises. Niche dans les bois mixtes et à feuilles caduques, mais aussi dans les parcs et jardins, dans toute l'Europe tempérée et méridionale, ainsi que localement en Asie dans la région de l'Amour.
Coccothraustes coccothraustes

462

463

Bruant mélanocéphale (463) répandu dans les Balkans, dans la région de la mer Caspienne et de la mer Noire et en Iran, fait partie d'un groupe extrêmement nombreux d'environ 250 espèces de Bruants, répandus surtout en Amérique. Habite les endroits broussailleux mais sans forêts, où il niche surtout au sol ou bas au-dessus du niveau du sol dans les fourrés épais. Se nourrit principalement de petites graines.
Emberiza melanocephala

Bruant élégant (464) espèce d'Extrême-Orient, répandue de la Corée à l'Oussouri, où il abonde à l'orée des chênaies. Sur le sommet de son crâne noir il porte une courte huppe ornementale jusqu'à l'occiput.
Emberiza elegans

464

La Cactospiza pallida, du groupe des Fringillidés de Darwin, proche parente des Bruants, se sert très adroitement d'une longue épine pour extraire les larves d'insectes des fentes

466

Bruant des roseaux (465) habite le bord des eaux et les endroits marécageux avec des roselières dans presque toute l'Eurasie. A la saison des nids le mâle lance sa petite chanson monocorde un peu grinçante, placé sur un endroit surélevé, en pleine chaleur de midi, alors que les autres oiseaux se taisent. Niche très caché dans les herbages broussailleux.
Emberiza schoeniclus

Bruant lapon (466) habitant circumpolaire de la toundra arctique et subarctique. En chantant, s'élève souvent dans les airs comme le Pipit.
Calcarius lapponicus

Cardinal ou **Cardinal rouge** (467), oiseau courant en Amérique du Nord. Dans les parties Sud de son extension géographique, il peut avoir trois couvaisons par an.
Richmondena cardinalis

Cardinal gris ou **Paroaire huppé** (468) oiseau courant dans la pampa d'Amérique du Sud, avec de petits bois et des taillis. Répandu du Sud du Brésil et la Bolivie jusqu'en Argentine du Nord. A la différence des espèces nordiques chez cette espèce de Cardinal le mâle et la femelle ont la même coloration.
Paroaria coronata

467

Aire de répartition du Cardinal rouge (en haut) et du Cardinal gris (en bas)

468

469

470

Sans signes distinctifs dans l'aspect, une dernière famille des Tisserins (Plocidés) se rattache aux Fringillidés, avec plus de 250 espèces. Ceux-ci ont également un bec court et fort, car ils se nourrissent surtout de graines, et sur un fond brun leur livrée porte des taches noires, blanches ou jaunes. Chez certains groupes tropicaux la livrée du mâle se colore de teintes vives avec du rouge, du jaune et du vert. Mais ils se distinguent nettement des Fringillidés par des traits biologiques. Toute l'année durant ils maintiennent des rapports sociaux, souvent très marqués, par exemple à la saison des nids ces oiseaux volent en assemblées vespérales, en poussant de grands cris. Le moineau domestique se rassemble dans les arbres éclairés de parcs et des rues, souvent jusqu'à l'aube et puis, en silence, ils volent vers leurs nids. Les Tisserins nichent le plus souvent en colonies et sont souvent des maîtres constructeurs : ils savent tisser avec de longues fibres des constructions d'une précision mathématique avec des couloirs d'entrée courts ou longs. D'après la construction et le mode d'installation du nid on peut déterminer avec précision qui l'a construit. Même les moineaux, qui installent leur nid négligemment fait d'herbes sèches et de plumes dans les plus diverses fentes ou cavités, on pris par endroits l'habitude de construire ensemble un nid en boule, installé librement dans les arbres. La plupart des Tisserins vivent toute l'année dans leur nid et sont des oiseaux sédentaires. Ce n'est qu'à l'automne, à l'époque des moissons et des graines d'herbages mûres, qu'ils entreprennent ensemble des raids sur les champs. Les Tisserins africains forment des bandes gigantesques, allant jusqu'à quelques millions d'oiseaux. Les Tisserins sont des oiseaux typiques de l'Afrique, mais ils ont débordé jusqu'en Australie, Europe et Asie.

Moineau domestique (469, 470) habite l'Europe, l'Asie et l'Afrique. Devenu cosmopolite grâce à l'homme. Vit par couples, et selon les possibilités niche au moins à quelques couples ensemble. Les Moineaux utilisent leurs nids particuliers toute l'année, pour s'abriter et passer la nuit. A la saison des amours on peut souvent voir comment quelques mâles, ailes déployées et piaillant à grands cris, sautent autour des femelles qui essaient de s'envoler plus loin. Niche deux à trois fois l'an, pond 4 à 6 œufs fortement tachetés de gris-brun. Les deux parents soignent les petits et les nourrissent uniquement d'insectes durant les premiers jours.
Passer domesticus

Parade nuptiale d'un Moineau mâle

471

Moineau friquet (471) répandu en Europe et en Asie sauf dans la partie du Sud-Est de l'Europe
Passer montanus
et dans la partie Sud de l'Asie jusqu'à l'Inde. Les deux sexes ont une calotte brun chocolat et ne se distinguent pas l'un de l'autre. Le Moineau friquet s'installe loin des habitations humaines, dans les rangées d'arbres bordant les chaussées, les champs, mais aussi la périphérie des villes et les parcs. Niche volontiers en colonies. Recherche des cavités dans les arbres ou les nichoirs, mais niche couramment dans des trous au sol, dans les murs, parois de sablières et de terre.

Moineau soulcie (472), moineau aimant la chaleur, vivant en Méditerranée, y compris l'Afrique
Petronia petronia
du Nord-Ouest, ainsi que l'Asie Antérieure et centrale. Niche en petites colonies dans les trous de glaise et de parois rocheuses, mais aussi volontiers dans les ruines, les pentes sèches et dénudées de la montagne et de la steppe.

472

473

Textor castaneiceps (473) – petit Tisserin de la grandeur d'un moineau, habite les savanes de Kenya et de Tanganyika. Niche en colonies, dans les buissons épineux, dans les cocotiers. Dans le nid commun, suspendu aux rameaux, avec une entrée en bas il y a plusieurs chambres de nidification.

Euplecte grenadier (474) habite, en quelques races, toute l'Afrique au Sud de Sahara. C'est le plus beau Tisserin. Commence à nicher après la saison des pluies, et alors les mâles muent et revêtent une superbe livrée noire et rouge. En dehors de cette époque, les mâles sont brun clair comme les femelles. Nichent ensemble dans les hauts herbages, où ils accrochent à environ un mètre du sol leur nid légèrement tissé. On voit souvent à travers la mince paroi du nid la couvée de 3 à 6 œufs de ton bleu-vert uni. Après la nidification les oiseaux errent en bandes avec beaucoup d'autres espèces à la recherche de graines d'herbacées mûres.

Euplectes orix

474

475

Tisserin des villages (475) l'un des plus abondants Tisserins. Vit au Sud du Sahara dans les plus divers biotopes auprès des eaux, dans la savane, les clairières de forêt vierge, et volontiers à proximité des habitations. Les nids sont serrés les uns contre les autres, suspendus aux rameaux, ils sont le plus souvent tissés de fibres de feuilles de palmier.
Ploceus cucullatus

Les arbres pleins de nids suspendus de Tisserins (476) sont une image typique du paysage africain. Le nid est suspendu tout seul, ou bien de nombreux nids forment une grappe ou encore le nid est comme une meule de foin avec des centaines d'entrées vers les chambres de nidification.

Oiseau-souris ou **Coliou à nuque bleue** (477) du groupe de Tisserins chez lesquels le mâle, à la saison des amours, revêt une livrée noire tandis que lui poussent de longues plumes à la queue, qui pendent quand il vole comme des rubans. Vit en polygamie, les mâles entretenant des harems de 4 à 12 femelles. Le Coliou à nuque bleue habite les régions herbeuses de la zone tropicale d'Afrique.
Coliuspasser macrourus

Poéphile admirable (478) l'une des 125 espèces de Tisserins aux couleurs admirables, connue parmi les éleveurs sous le nom de Pinson admirable. Vit dans la région tropicale d'Australie et d'Afrique. Les couples forment de petites sociétés.
Poephila mirabilis

476

477

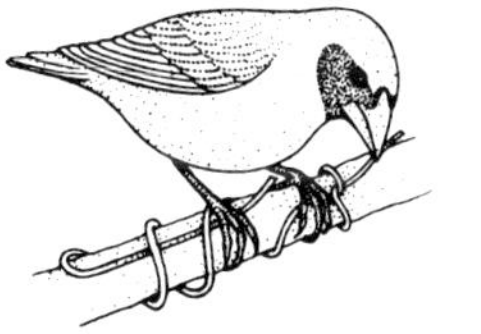

Début de construction d'un nid de Tisserin

Intérieur du gosier avec papilles et taches de couleur d'un jeune Poéphile

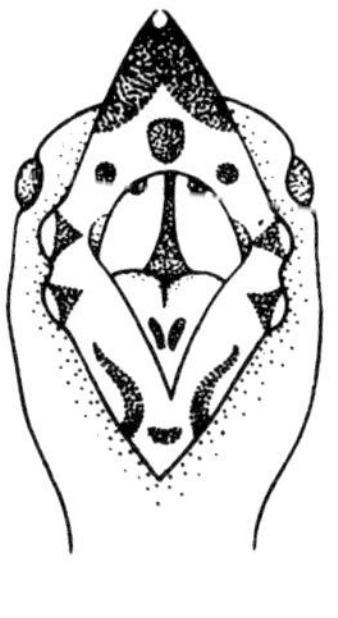

478

479

Ils se font un nid rond, placé dans un trou d'eucalyptus ou encore librement dans les buissons ou les arbres. Les jeunes ont, dans le gosier, une tache de couleur caractéristique et des papilles dures qui reflétant la lumière aident les parents à s'orienter quand ils nourrissent les petits dans l'obscurité du nid.

Padda ou **Calfat** (479) *Padda oryzivora* abondant oiseau très sociable vivant à Sumatre et à Java. Souvent élevé en captivité, il a été implanté en beaucoup d'endroits en Asie et en Afrique. Niche librement dans les buissons et sur les arbres aussi bien que dans les plus diverses cavités, et souvent dans les habitations.

Veuve royale (480) *Tetraenura regia* appartient au groupe de 9 espèces de Tisserins africains, qui sont presque tous de purs parasites des nids. Chaque espèce de Veuve pond ses œufs dans le nid d'une seule espèce d'Astrildidé, à laquelle elle est si attachée que les Veuves adultes ont la même voix et pondent des œufs blancs non tachetés comme les Astrildidés, les petits ne sont pas discernables de ceux des oiseaux hôtes, ils exigent leur nourriture de la même façon, ont la même durée de période de croissance, voire les mêmes taches de couleur et les papilles dans le gosier.

Diamant tacheté (481) *Taeniopygia guttata* l'un des oiseaux exotiques le plus souvent élevé. Se reproduit facilement en captivité. Fréquent dans tout l'intérieur de l'Australie, oiseau abondant vivant en société dans les régions herbeuses avec des broussailles et des arbres. Son nid en forme de poire est fermé, il y en a plusieurs sur un seul arbuste, et il l'utilise pour passer la nuit.

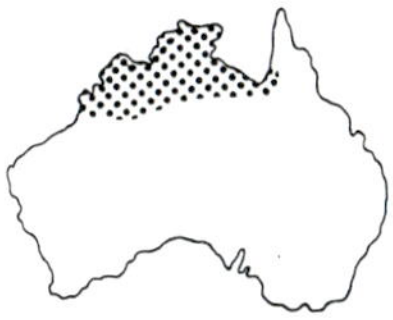

Aire de répartition
de la Poéphile admirable

Aire de répartition
géographique de la Veuve
royale

480

481

482

Diamant à longue queue (482) espèce élégante, très sociable, de Tisserin d'Australie aux admirables couleurs. Vit dans la savane herbeuse avec des eucalyptus dans la cime desquels il niche le plus volontiers. Dans les régions sèches, il reste de préférence dans les abords des fermes, avec d'autres espèces, là où il trouve une source permanente d'eau. Les couples, vivant en union permanente, nichent en colonies dispersées. Ce Diamant se construit un nid sphérique avec un couloir d'accès d'environ 20 cm de long. Commence à nicher au début de la saison des pluies et niche le plus souvent deux fois. Dans les années de sécheresse, ne niche pas du tout. Se nourrit de graines et d'insectes. Quand il rencontre un autre oiseau de son espèce, il a la coutume bizarre de le saluer, agitant la tête de haut en bas. C'est l'un des oiseaux favoris pour les volières.

Poephila acuticauda

BIBLIOGRAPHIE SOMMAIRE

O. Austin et A. Singer : *Les oiseaux*, Paris, 1962.

L. Burtin in : *La vie des animaux*, Paris, Larousse, 1949, 2 volumes consacrés aux oiseaux.

Delapchier : *Petit atlas des oiseaux*, Boubée, 1942.

J. Dorst : *La vie des oiseaux*, Rencontre, Lausanne, 2 vol.

J. Dorst : *Les migrations des oiseaux*, Paris, 1956.

Fahringer : *Encyclopédie des oiseaux*, Paris, Nathan, 1956.

J. Hanzak : *Encyclopédie illustrée des oiseaux*, Paris, Gründ, 1974.

Ménatory : *L'aigle royal*, Paris, Stock.

Ménegaux : *Oiseaux de France*, Lechevalier, 4 vol.

G. Mountort et P.A.D. Hollom : *Les oiseaux d'Europe*, Neufchâtel-Paris, 1967.

Sparks : *Comportement des oiseaux*, Paris, Larousse.

J. Spirhanzl-Duris : *Atlas illustré des oiseaux*, Paris, Gründ, 1965.

INDEX DES NOMS FRANÇAIS

Les numéros correspondent à ceux des illustrations.

INDEX DES NOMS LATINS

Les numéros correspondent à ceux des illustrations.

LISTE DES AUTEURS DES PHOTOGRAPHIES

Les numéros correspondent à ceux des illustrations

Balát F. : 25, 31, 76, 86, 180, 210, 217, 218, 232, 235, 323, 328, 378, 381, 395 **Beretzk P.** : 227 **Boisson J. Y.** (Jacana) : 7, 208 **Brosset** (Jacana) : 28, 39 **Burton J.** (Coleman) : 444 **Christiansen A.** : 99, 197 **Claye M.** (Jacana) : 37, **Coleman B.**, Ltd. : 298 **Čeřovský J.** : 143, 364 **Čihař J.** : 139, 172 **Čtyroký P.** : 189, 190, 203, 290, 301, 307, 311, 349, 365, 372, 469, 470 **Danko Š.** : 116 **Dawson L. R.** (Coleman) : 163, 297 **Dubois J. L. S.** (Jacana) : 249, 250, 317 **Eliott** (Jacana) : 49 **Fermie** (Jacana) : 27 **Firsova L. V.** : 212, 215, 229, 234, 236, 237 **Formánek J.** : 11, 12, 13, 44, 45, 59, 64, 68, 74, 78, 81, 91, 92, 95, 96, 100, 101, 102, 129, 137, 142, 157, 158, 170, 171, 185, 186, 193, 194, 196, 200, 201, 202, 223, 270, 271, 272, 274, 275, 276, 280, 281, 282, 287, 288, 289, 292, 293, 324, 325, 337, 347, 348, 366, 368, 369, 373, 374, 388, 394, 399, 425, 429, 437, 474, 482 **Fréderic** (Jacana) : 240 **Fritz B.** (Jacana) : 20 **Hanzák J.** : 5, 22, 23, 29, 33, 47, 48, 53, 56, 62, 63, 70, 72, 73, 82, 83, 84, 134, 144, 156, 178, 184, 187, 188, 192, 195, 204, 213, 216, 220, 221, 230, 231, 233, 340, 376, 403, 406, 421, 431, 442, 466 **Harris M. P.** (Coleman) : 445 **Heinrich K.** : 416 **Holeček Z.** : 90, 145, 151, 214, 247, 456, 471 **Humpál Z.** : 89 **Jackson P.** (Coleman) : 385 **Judin K. A.** : 199, 222, 246, 402, 457, 463, 472 **Klápště J.** : 19, 42, 67, 88, 183, 224, 252, 319, 357, 358 **Korba P.** : 41 **Krečmar A. V.** : 9, 191 **Laubscher C.** (Coleman) : 386 **Lindberg P.** : 8 **Moll K. H.** : 10, 66, 104, 105, 106, 131, 164, 165, 198, 360, 367, 452, 454, 462 **Myers N.** (Coleman) : 226 **Nejfeldt I. A.** : 273, 296, 300, 384, 390, 391, 392, 408, 412, 422, 459, 464 **Pavlík P.** : 40, 43, 57, 58, 65, 69, 98, 114, 118, 119, 120, 128, 130, 133, 135, 136, 167, 168, 242, 245, 277, 291, 294, 295, 299, 305, 306, 308, 309, 314, 326, 327, 350, 352, 353, 354, 355, 356, 359, 382, 383, 387, 389, 393, 396, 397, 398, 400, 401, 404, 405, 407, 409, 410, 411, 413, 415, 417, 418, 419, 420, 423, 424, 426, 427, 428, 430, 432, 434, 453, 455, 458, 460, 465 **Podpěra P.** : 478 **Portěnko L. A.** : 211 **Prevost** (Jacana) : 6 **Raux F.** (Jacana) : 24 **Rivarola H.** (Coleman) : 279, 304 **Rys J.** : 60, 94, 140, 148, 205, 207 **Šálek J.** : 117, 125, 138, 146, 150, 162, 243, 255, 256, 257, 262, 263, 267, 268, 302, 363, 375, 380, 433, 450, 467, 468, 479, 480, 481 **Schraml W.** (Jacana) : 342 **Schröder H.** : 126, 361 **Seget J.** : 3, 4, 14, 15, 16, 17, 18, 21, 30, 32, 34, 35, 46, 51, 52, 54, 55, 61, 71, 79, 80, 85, 87, 93, 108, 109, 110, 111, 112, 115, 121, 122, 124, 127, 132, 147, 149, 152, 153, 154, 155, 159, 160, 161, 166, 169, 175, 176, 179, 181, 206, 228, 238, 239, 241, 244, 248, 251, 253, 254, 258, 259, 260, 261, 264, 265, 266, 269, 283, 284, 285, 286, 310, 312, 313, 316, 318, 321, 322, 329, 330, 331, 332, 334, 335, 336, 338, 339, 362, 377, 414, 435, 436, 439, 440, 441, 443, 446, 447, 448, 449, 451, 461, 475, 477 **Šibněv J.** : 278, 379 **Simon J.** (Coleman) : 303 **Stalla F.** : 38, 209 **Staněk V. J.** : 36, 50, 113, 123, 177, 320, 333, 351, 476 **Stivens D.** : 173 **Suchomel** : 75, 77, 438 **Suinot** (Jacana) : 1 **Summ P.** (Jacana) : 182 **Tollu B.** (Jacana) : 2, 26 **Tomalin N.** (Coleman) : 315 **Tomkovič P.** : 219 **Varin J. P.** (Jacana) : 473 **Veselovský Z.** : 97, 103, 107, 343, 344, 370, 371 **Visage A.** (Jacana) : 341, 345, 346 **Vlasák P.** : 141 **Volf J.** : 174 **Wormer van, J.** (Coleman) : 225

Les documents photographiques des pp. 6 et 15 nous ont été aimablement communiqués par J. Formánek et ceux des pp. 13 et 19 par H. Schröder.